历史遗留矿山
调查评价方法研究与应用

——以黄河流域甘肃段为例

李春亮　靳仲娥 ◎ 主编

兰州大学出版社
LANZHOU UNIVERSITY PRESS

图书在版编目（CIP）数据

历史遗留矿山调查评价方法研究与应用 ： 以黄河流
域甘肃段为例 / 李春亮，靳仲娥主编. -- 兰州 ： 兰州
大学出版社，2024. 9. -- ISBN 978-7-311-06718-2

Ⅰ. X322.242

中国国家版本馆 CIP 数据核字第 2024UQ2371 号

责任编辑　牛涵波
封面设计　程潇慧

书　　名　**历史遗留矿山调查评价方法研究与应用**
　　　　　　　——以黄河流域甘肃段为例
作　　者　李春亮　靳仲娥　主编
出版发行　兰州大学出版社　（地址:兰州市天水南路222号　730000）
电　　话　0931-8912613(总编办公室)　0931-8617156(营销中心)
网　　址　http://press.lzu.edu.cn
电子信箱　press@lzu.edu.cn
印　　刷　兰州银声印务有限公司
开　　本　787 mm×1092 mm　1/16
印　　张　13
字　　数　249千
版　　次　2024年9月第1版
印　　次　2024年9月第1次印刷
书　　号　ISBN 978-7-311-06718-2
定　　价　46.00元

（图书若有破损、缺页、掉页,可随时与本社联系）

《历史遗留矿山调查评价方法研究与应用

——以黄河流域甘肃段为例》

编 委 会

主　编：李春亮　　靳仲娥

编　委：史建业　　鲜永亮

　　　　杨紫恒　　柏　青

　　　　张彦林　　刘延兵

　　　　陶华旸

前　言

　　矿产资源的开发对我国经济的飞速发展有着不可磨灭的贡献，但同时对生态环境也造成了严重的破坏。"绿水青山就是金山银山"，对矿产资源进行开发利用的同时，不能忽视其对生态环境造成的破坏，亦不能对生态环境问题坐视不管。良好的生态建设是我们美好幸福生活的必要条件，也是我国经济发展的重要组成部分，故对矿山开采带来的环境问题的调查与治理迫在眉睫。

　　历史上，人们的生态环境保护意识薄弱，在矿产资源开采完成后，对千疮百孔的矿山弃之不顾，对已造成的生态破坏问题没有进行及时治理，使得这些矿山最终成为无责任主体的历史遗留矿山。历史遗留矿山生态环境问题众多，如开采过程中造成的地质灾害、露天采坑、露天采场，开采废渣随意堆放形成的堆积体对土地资源造成的压占，开采对原有植被和表层土壤造成的破坏，以及废渣在雨水的淋滤作用下对水体和土壤造成的污染等。从卫星图上看，很多未治理的历史遗留矿山已经失去了绿色，与周边的完美"皮肤"显得格格不入。

　　黄河是中华民族的母亲河，是中华文明的重要发祥地。黄河流域生态文明的战略地位十分突出，黄河流域是我国重要的流域生态安全屏障和重要的社会经济活动地带。其中，黄河流域甘肃段是我国西北地区重要的生态屏障，在国家经济整体布局和生态安全方面具有十分重要的战略地位。

　　"共同抓好大保护，协同推进大治理，推动黄河流域高质量发展，让黄河成为造福人民的幸福河。"党的十八大以来，习近平总书记多次实地考察黄河流域生态保护和经济社会发展情况。2019年9月18日，习近平总书记在郑州主持召开黄河流域生态保护和高质量发展座谈会，并发表重要讲话，正式将黄河流域生态保护和高质量发展上升为重大国家战略。2021年10月22日，习近平总书记在济南主持召开深入推动黄河流域生态保护和高质量发展座谈会，会议安排部署了"十四五"时期推动黄河流域生态保护和高质量发展的重点工作任务。2022年10月30日通过的《中华人民共和国黄河保护法》，为黄河流域生态保护和高质量发展提供了有力的法治保障。

在习近平总书记发出了"让黄河成为造福人民的幸福河"的号召后，沿黄九省（区）"千帆竞发"，甘肃省积极贯彻落实国家重大战略部署，根据《自然资源部办公厅 生态环境部办公厅 国家林业和草原局办公室关于组织开展黄河流域历史遗留矿山生态破坏与污染状况调查评价的通知》（自然资办发〔2022〕8号）要求，制定了《甘肃省黄河流域历史遗留矿山生态破坏与污染状况调查评价工作方案》和《甘肃省黄河流域历史遗留矿山生态破坏与污染状况调查评价实施方案》，旨在围绕甘肃省黄河流域涉及县域范围内历史上存在采矿活动的现已关闭且由政府负责生态修复和污染治理的废弃矿山，分别开展生态破坏、植被破坏和恢复潜力、污染状况调查评价工作，查明矿区生态破坏与环境污染现状，对生态破坏与环境污染问题进行分类型评价和综合评价，建立调查评价成果数据库，为科学组织实施黄河流域甘肃段历史遗留矿山生态修复和矿山环境污染治理提供依据。

本书一共分为11章，第1、2章主要对甘肃省黄河流域历史遗留矿山生态破坏调查和评价的相关概念进行了解释，并对研究区的自然地理、社会经济、地质环境、历史遗留矿山现状进行了简要介绍；第3、4、5章主要从矿山生态破坏基本状况、植被破坏和恢复潜力、污染状况这三个方面，对矿山调查要素、调查方法、生态破坏现状进行了介绍；第6章主要讲述了本次矿山生态破坏评价的方法及结果；第7、8章对矿山生态环境问题进行了分类，并对生态环境发展趋势进行了预测；第9章则针对具体的生态环境问题提出了修复建议；第10、11章主要讲述了调查评价数据库的建设流程、内容，以及成果图件的编制。全书共计24.9万字，由以下多人合力完成：前言、第1章、第2章、第3章、第6章、第9章、第10章、第11章由李春亮编写，共计12.8万字；第4章、第5章、第7章、第8章及其他辅文由靳仲娥编写，共计12.1万字；鲜永亮、杨紫恒、柏青、张彦林、刘延兵、陶华旸参与了资料收集、数据分析、图件制作等工作，史建业负责各章节的汇总和全书内容的校对。

祖国秀丽江山如此多娇！我们是祖国经济发展的建设者，也是美丽生态外衣的缝补者，生态建设之路虽不宜，但我们要坚持生态优先、绿色发展，"绿水青山就是金山银山"，一份天更蓝、水更清、山更美的生态答卷正在美丽中国恢弘铺展。

鉴于作者水平有限，书中难免存在疏漏之处，敬请读者批评指正。

笔者

2024年2月

目　录

第1章 绪论

1.1 相关概念

1.1.1 历史遗留矿山

历史遗留矿山一般是指历史上矿产资源开采活动（包括勘察、基建、开采、选矿、闭坑等）导致生态环境受到干扰或破坏而遗留的，或没有进行生态修复而闭坑的，或已经过治理但治理不彻底的矿山（井）或场址。历史遗留矿山主要包括三类：一是计划经济时期遗留的废弃矿山；二是责任人灭失或难以确定的废弃矿山；三是因退出保护区或去产能等政策性原因关闭，在政府作出关闭决定时明确由政府承担治理恢复责任的废弃矿山。

1.1.2 矿山生态破坏与污染

矿山生态破坏与污染是指由矿山开采、加工和废弃物处理等活动引起的对自然环境的破坏和污染现象。这些影响会对生态系统、水资源、土壤和空气产生负面影响，还会对当地的生物多样性、人类健康和环境稳定性造成威胁。

生态破坏方面，矿山活动往往需要大面积的土地，这导致原有的植被被清除、土壤被破坏、地形地貌发生改变，从而影响了当地的生态系统，可能会导致植物和动物的生存空间减少、生物多样性下降，甚至引发生态系统的崩溃。

污染方面，矿山活动会产生大量的废水、废渣和废气。废水中可能含有重金属、有机物和其他有害物质，直接排放到水体中会造成水质污染，危害水生生物和人类的健康。废渣的堆放和处理可能会造成土壤污染，影响土壤质量和植被生长。废气中的颗粒物和有害气体（如二氧化硫、氮氧化物等）会造成空气污染，对周围环境和人体健康产生不良影响。

1.1.3　调查评价体系

历史遗留矿山生态破坏评价的数据都是通过野外调查获得的，野外调查结果的精细度会影响到评价结果的准确度，可以说野外调查是评价的基础，所以针对野外调查工作确定一套行之有效的工作流程以及选取一种合理的工作方法是极其有必要的。野外调查工作内容艰辛，任务量巨大，在进行野外调查之前应先收集相关资料，熟悉调查区矿山的基本情况，以提高调查效率。

野外调查可采取室内准备、现场调查、整理检查的工作模式。调查前一天确定调查任务，设计调查路线，了解每一座矿山的基本信息，并通过遥感解译的方法大致确定矿山存在的生态环境破坏方面的基本问题。调查时确定矿山内地质安全隐患、地形地貌、土地资源和土壤破坏情况，对每个破坏点的情况进行详细记录，同时在野外多拍照片。现场调查完成后，对调查成果进行整理，形成完整的野外调查成果资料。

为了较为直观全面地了解调查区域内矿山的生态破坏状况，要以野外调查结果为基础进行生态破坏与污染状况的评价。首先，进行每座矿山的单因素评价，以便于了解矿山哪些破坏类型较为严重、矿山以哪些破坏类型为主，以及研究区域内哪些方面的污染程度较大。其次，在此基础上进行单矿山的综合评价，从评价结果可以得到每个破坏等级的矿山数量，以及矿山在每个区域的分布情况。最后，可以以具体的行政区域为评价单元进行综合评价，分析评价单元内矿山生态环境破坏与污染的整体状况。对矿山进行评价除了可以看出其破坏与污染状况外，评价结果也能为矿山生态环境发展的预测提供基础，还能为将来矿山的治理提供参考。

1.1.4　生态修复理论

生态修复是指根据生态环境系统破坏的方式与程度，在环境承载力容许的前提下，选择适宜的生态自我恢复或生态重建工程，科学、经济、快速地对被破坏生态系统进行恢复与重建的过程。生态修复的提出，旨在强调协调人与自然的关系，生态修复要以自然演化、自然修复为主，并与人工修复相结合，充分尊重自然规律，发挥自然恢复潜力，如封山育林、封砂育草、补水保湿等。

矿山生态修复一般是指对因矿业活动受损的生态系统的修复，这个生态系统有露天采场、塌陷区、渣土堆场、尾矿库等，破坏的生态环境为土地、土壤、林草、地表水与地下水、矿区大气、动物栖息地、微生物群落等。矿山生态修复不仅包括对闭坑矿山废弃地的生态环境的修复，还包括对正在开采矿山中不再受矿业活动影响区块的生态环境的修复，如对闭坑的矿段（采区）、结束开采的边坡段、闭库的尾矿库、堆场等的修复。

矿山生态系统涉及岩石圈、水圈、生物圈、大气圈，因而矿山生态修复也需要针对土壤、地下水、地表水、动植物、微生物等方面，综合采用物理、化学、生物等修理方法，注重解决地形重塑、土壤重构、污染防治、植被恢复等问题，从而使矿山生态环境得到修复。

1.2　国内外研究现状

1.2.1　国内研究现状

自20世纪六七十年代以来，人们对矿产资源的需求越来越大，对矿山的开采程度日益剧烈，从而造成了越来越多的矿山环境问题，如何对开采矿产资源造成的矿山环境问题进行准确的评价成为研究热点之一。

我国对矿山环境的评价工作起步相对较晚，受国际主流的影响及我国政府对生态环境的重视，20世纪90年代起，矿山环境调查与评价工作快速开展。目前，我国对矿山环境的评价多集中于对矿山地质环境的评价，评价的方法参差不一，没有一个固定的规范和流程，主要是使用国外成熟的理论，包括地理信息系统空间分析法、人工神经网络评价法、层次分析法、模糊数学判别法、灰色系统评价理论等。这些评价矿山地质环境的方法也可以运用到矿山生态环境评价中去，只是在选取评价因子时有所变化。

地理信息系统简称GIS，是基于数据库系统、地图可视化和地理信息进行空间分析的计算机系统，其计算分析时以整个或部分地球表层具有空间内涵的地理数据为处理对象，运用系统工程和信息科学的理论，采集、存储、显示、处理、分析、输出地理信息。高永志等利用RS和GIS技术针对黑龙江省的矿山进行了矿山地质环境评价，对评价结果进行了合理的等级划分，判断出了黑龙江省最主要的矿山地质环境问题。廖振威等利用遥感技术获取了广西地区矿山的基础地质资料，选取了较为合理的评价因子，采用地理信息系统分析法中的网格法进行了矿山地质环境评价，划分出了矿山地质环境严重影响区、较严重影响区、一般影响区及无影响区。

人工神经网络具有并行能力强、容错性良好、非线性映射能力突出等优势。人工神经网络可以概括为以下几种网络模型：BP模型、Hopfield模型、Kohonen模型、CPN模型和ART模型。其中，BP模型最为常用。赵文江等将BP人工神经网络模型应用于唐山沟煤矿生态的安全评价，构建了PSR模型，并以此模型为框架建立了评价指标体系，评价结果和实际的生态环境状况大体相吻合，验证了模型的准确性和实用性。刘洪等采用BP人工神经网络模型对江苏省的矿山地质环境进行了评价，模型具有收敛好、计算速度快等优点，能够反映矿山地质环境影响因素间的非线性关系，但评价指标的选取会影响模型的评价精度。

层次分析法在矿山环境评价方面应用较多，该方法将定性方法与定量方法有机地结合起来，计算过程简便，得出的结果也简单明了，便于人们接受。赵玉灵采用层次分析法，结合ArcGIS空间叠加与分析，对海南岛矿山进行了地质环境评价，评价结果较为客观地反映了海南岛矿山地质环境的综合实际情况。孔志召等以阜新矿集区为研究对象，利用层次分析法进行矿山环境评价，通过两两判断矩阵的确立，科学分析了其权重，并进行了一致性检验，最终通过加权计算建立了评价等级。曾晟等根据铀矿山的特点建立了铀矿山生态环境安全评价指标体系，利用层次分析法确定了各项指标的权重，提高了评价的准确度，避免了人为直接赋值带来的不利影响。

模糊综合评价法可对涉及模糊因素的对象进行综合评价，广泛地应用于经济、社会等领域。廖国礼应用模糊数学判别法，在单环境因素模糊综合评价的基础上进行了总体环境质量模糊综合评价的探讨，以某区域环境为实例，对其总体环境质量进行了模糊综合评价，并将评价结果与经典数学评价结果进行了比较，发现模糊综合评价法的评价结果更加客观、准确。

灰色系统评价理论主要用来分析矿山地质环境的各个影响因素之间的灰色关联程度，然后采用一定方法来明确矿山地质环境的各个影响因素之间的定量关系。这种方法能够直观地呈现矿区环境质量的整体水平，评价结果的可比性很强，可信度很高。蒋复量、周科平等针对石膏矿的特点建立了其地质环境影响综合指标评价体系，利用层次分析法确定了各项指标的权重，并将灰色系统评价理论应用于某一地区石膏矿山的地质环境影响评价，其评价结果与实际状况较为相符，证明了灰色系统评价理论的可靠性。茹曼等对同一地区的矿山分别用灰色系统评价理论和模糊综合评价法进行了地质环境综合评价，两种方法得到的评价结果大体一致，灰色系统评价理论可以更好地避免评价指标等级临界值的微小变化而导致的评价结果的不准确，能更真实地反映评价区域等级分布的差异化。

1.2.2 国外研究现状

美国、英国、德国、日本等一些工业化进程走到前列的国家最早意识到了矿山环境问题的重要性，同时开始运用各种技术手段和理论知识对矿山环境问题进行评价。1965年，美国专家 L. A. Zadeh 教授提出模糊综合评价法的概念，解决了环境评价中评价因子众多、评价标准复杂、因素重要性等级不同而难以进行综合评价的难题。1969年，美国学者 McHarg 创立了 GIS 图层叠加分析法，在筛选不同环境因子的基础上，对研究区域以边长 1 km 的网格为基本单元进行评价因子的调查与登记，简化了环境分析的过程。20世纪70年代初，Saaty 教授提出了层次分析法，该方法结合了定性分析和定量分析，通过判断矩阵得出各个评价指标的权重，从而选取最佳的决策方案。随着遥感技术的发展，其运用领域也越来越广泛，20世纪80年代起，西方国家就开始将3S技术运用到矿山环境的综合评价之中。1990年，英国学者 Christopher A. Legg 运用遥感技术对露天开采矿山所引起的矿山地质环境问题及环境恢复治理问题等进行了定性评价。Venkataraman 利用遥感数据研究了印度某铁矿对环境的影响，从遥感数据中得到采矿活动的增加与研究区植被的减少和土地退化有关，对采矿对矿区周边土壤与水体造成的影响程度进行了分级评价。1999年，Aleotti 等人认为常规数学模型已经难以应用于地质灾害的危险性评估中，于是将神经网络法引入地质灾害评估中。人工神经网络早在20世纪40年代就被提出，但80年代以后才是其快速发展时期。人工神经网络是一类模拟生物神经系统结构，由大量处理单元组成的非线性自适应动态系统，能在不同程度和层次上模仿大脑的信息处理机理。2002年，Christian 等利用 RS 和 GIS 技术研究了矿山地下开采所带来的地表变形、地下水位变化及地表植被变化三者之间的相关性。近年来，更多的矿山环境评价方法被相继提出，如综合指数法、粗糙集理论、生态机理分析法、德尔菲法等。

1.2.3　本次研究方法

本书主要采用层次分析法对矿山生态环境破坏与污染状况进行评价，同时结合专家打分法对选取的评价要素赋予分值，故本次评价方法综合了定性分析与定量分析，第6章对评价方法进行了详细的介绍。

野外调查方法主要包括资料收集、遥感解译、现场踏勘、取样分析、走访座谈、建立数据库等。第3、4、5章对针对矿山生态环境破坏与污染等各项内容的调查方法进行了介绍。

第 2 章 流域概况

2.1 自然地理

2.1.1 地理位置

甘肃省位于我国地理中心，地处黄河上游，地域辽阔，介于东经 92°20′～108°43′、北纬 32°36～42°48′之间，东西跨度 1 480 km，南北跨度 1 132 km，东接陕西省，东北与宁夏回族自治区毗邻，南邻四川省，西连青海省、新疆维吾尔自治区，北靠内蒙古自治区，并与蒙古国接壤（图 2-1）。辖区分属长江、黄河、内陆河三大流域（图 2-2），为黄河上游中华民族古文化的发祥地之一。

甘肃省是黄河流经的第三个省份。黄河在甘肃省两进两出，入甘南藏族自治州（以下简称"甘南州"），经临夏回族自治州（以下简称"临夏州"），穿兰州、过白银，浩浩荡荡奔涌 913 km，占干流总长度的 16.7%，流域总面积 14.59 万 km²，涉及 9 个市（州）58 个县（区），占全省面积的 34.3%。

2.1.2 地形地貌

甘肃省地域狭长，地势西南高、东北低，除陇南部分谷地和疏勒河下游谷地地势较低外，大部分海拔都在 1 000 m 以上，属山地型高原。按地貌形态特征及地貌类型，可将全省划分为 6 个地貌区。其中，黄河流域主要涉及陇东陇西黄土高原区、甘南高原区、陇南山地的西北部及阿尔金山-祁连山山地的南部。

（1）陇东陇西黄土高原

陇东陇西黄土高原位于甘肃省东南部，东起甘陕省界，西至乌鞘岭畔，有

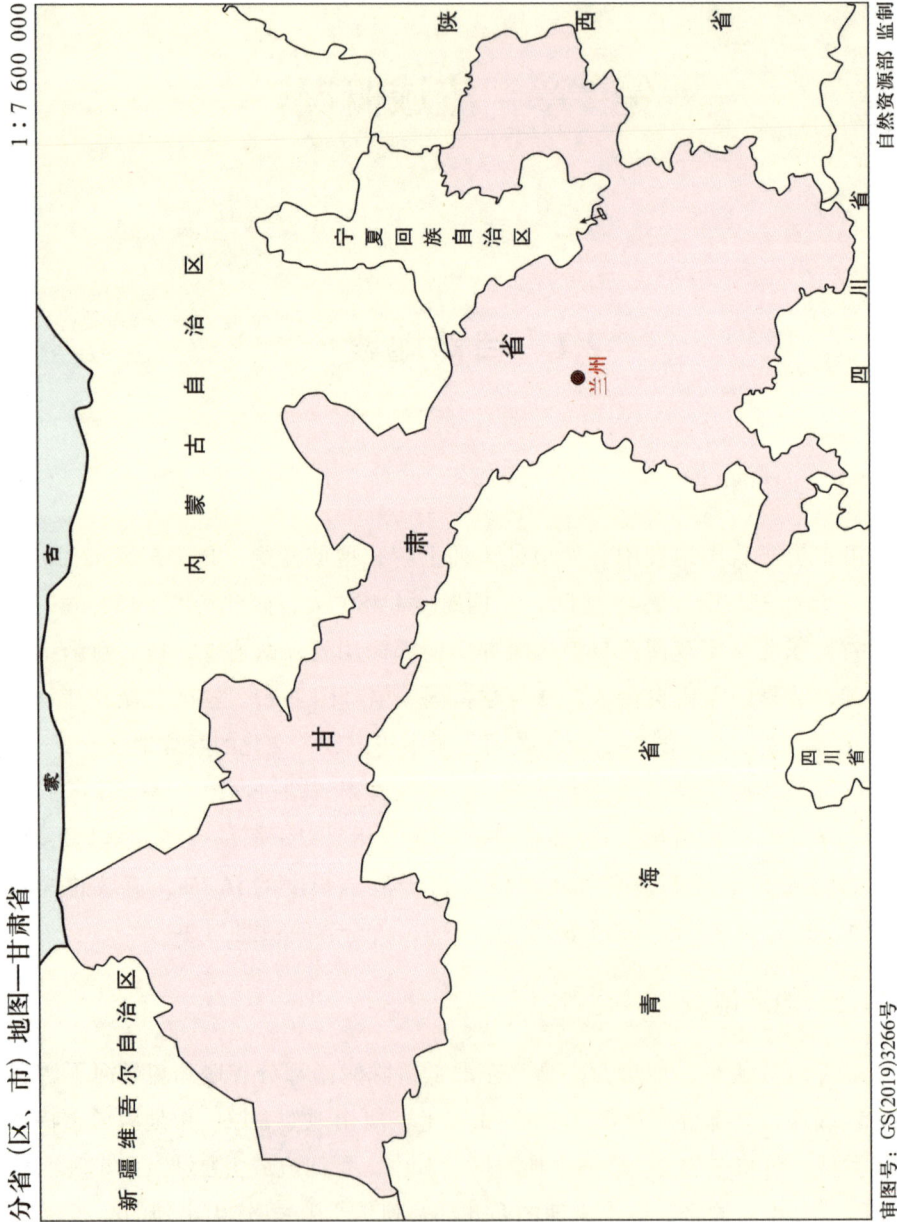

图2-1　甘肃省区位图

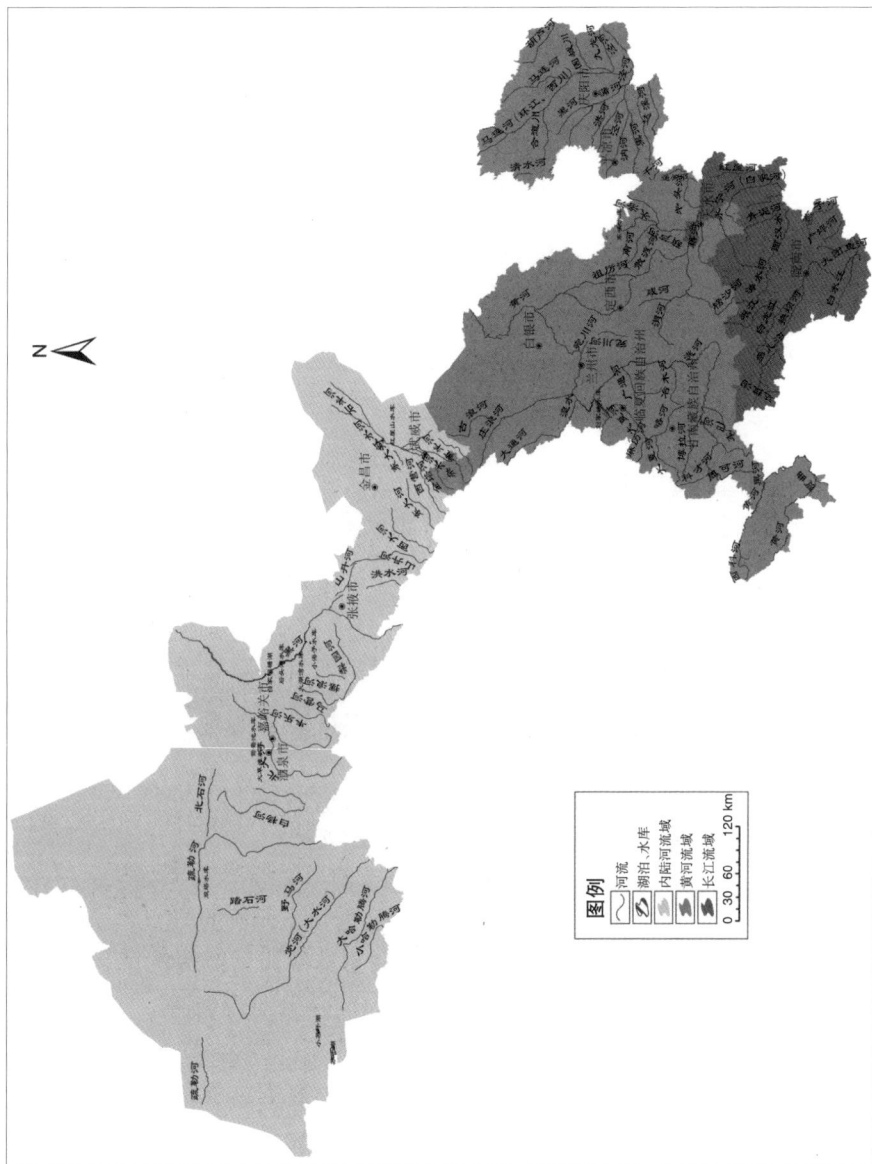

图2-2　甘肃省流域图

注：该图基于国家地理信息公共服务平台公布的审图号为GS（2024）0650号的标准地图制作，地图无修改。

丰富的石油、煤炭资源。地处黄土高原与青藏高原、中原农区与西部牧区的过渡地带，境内山谷多、平地少，地势西南高、东北低，地势起伏较大，山脉纵横，形态各异，由西南向东北递降，呈倾斜盆地状态，平均海拔2 000 m。

（2）甘南高原

甘南高原位于青藏高原东部，地势高耸，平均海拔超过3 000 m，是典型的高原区。该地貌单元内草滩宽广，水草丰美，牛肥马壮，是甘肃省主要畜牧业基地之一。

（3）陇南山地

陇南山地位于甘肃省南部，地处秦岭南麓，由北秦岭山地、南秦岭山地及徽成盆地三部分组成，在构造上属于秦岭褶皱系，面积近4.8万 km²。境内地貌类型以山地、丘陵、盆地为主，有嘉陵江、白龙江、白水江、西汉水四大水系，地处亚热带至中温带过渡区。境内资源丰富，物产独特，生物资源种类繁多。

（4）阿尔金山-祁连山山地

祁连山是亚洲中部著名的高大山系之一，与阿尔金山呈弧形绵亘于青藏高原东北边缘，为甘肃省与青海省的自然分界线。该区域由于冰川集中分布，而成为众多河流的发源地。

黄河流域甘肃段地形复杂，地貌形态多样，山地、高原、平川、河谷、沙漠、草原、戈壁齐全，交错分布，具有地势高，多高原和山地，沙漠、戈壁分布广等特点。

2.1.3　土壤、植被

（1）土壤

甘肃省地域辽阔，自然条件复杂，土壤的分布具有明显的地带性。黄河流域主要包括以下土壤类型：黄绵土、黑垆土、褐土、灰钙土、草毡土、黑毡土、草甸土、暗棕壤、栗钙土、灰漠土、风沙土、灌漠土等（图2-3）。

黄绵土、黑垆土、褐土、灰钙土主要分布于陇中黄土高原，其中，黄绵土与黑垆土的分布范围相对较广。草毡土、黑毡土、草甸土、暗棕壤主要分布于甘南高原，其中，草毡土和草甸土集中于西部，交错分布，黑毡土和暗棕壤集中于东部。栗钙土、灰漠土、风沙土、灌漠土分布于祁连高山区的南部，其中，栗钙土和风沙土所占面积较大。

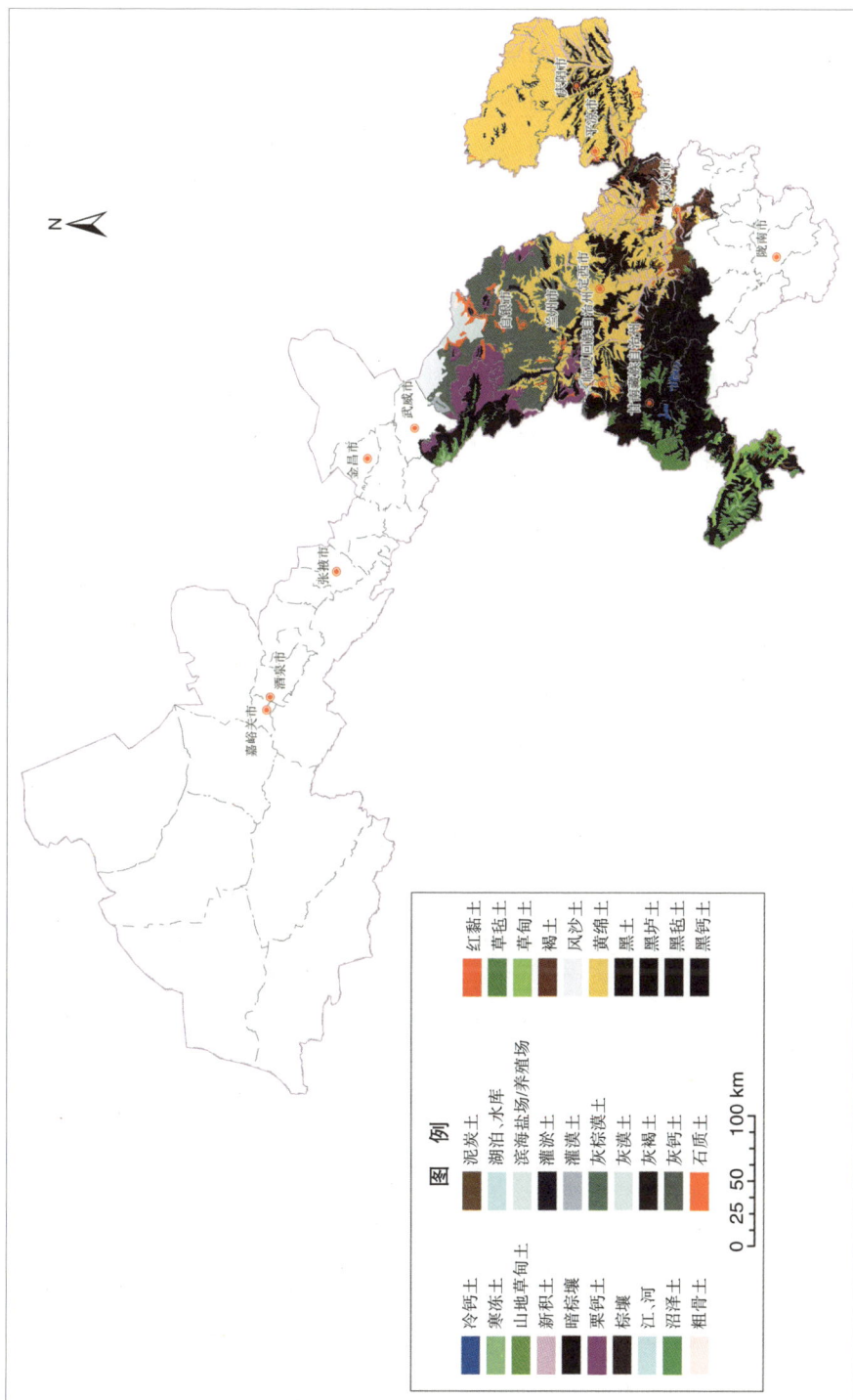

图 2-3　甘肃省黄河流域土壤分布图

注：该图基于国家地理信息公共服务平台公布的审图号为 GS（2024）0650 号的标准地图制作，地图无修改。

（2）植被

黄河流域内自然条件复杂，植被类型繁多。由于纬度、气候、地形、地貌等因素的差异，大部分植被自南向北呈明显的纬度地带性分布。在一些山地，如祁连山、西秦岭及甘南高原，植被还有明显的垂直地带性分异。各山地垂直带谱的特征，由其所处的地理位置和水平植被带决定。

甘肃省是全国植被区系最为复杂的省区。除北纬50°以北地区的寒温带针叶林区域、长白山温带针阔叶混交林区域、北回归线以南地区的热带季雨林区域外，温带荒漠区域、温带草原区域、暖温带落叶阔叶林区域、亚热带常绿阔叶林区域、青藏高原高寒植被区域在甘肃省均有分布。甘肃省植被可分为5个植被区域（含4个植被亚区域）6个植被地带（含3个植被亚地带），共12个植被区（图2-4）。

据第九次森林资源清查结果，甘肃省森林资源的特点是总量不足、分布不均，主要集中分布在白龙江、洮河、小陇山、子午岭、大夏河、西秦岭、康南、祁连山、关山、马衔山等林区，中部及河西地区森林资源稀少。甘肃省主要树种有冷杉、云杉、杨类，以及华山松、桦类等。甘肃省的草场有天然草地、人工草地和半人工草地三种，天然草地主要分布在甘南草原、祁连山地、西秦岭、马衔山、哈思山、关山等地，海拔一般在2 400～4 200 m之间，气候高寒阴湿。甘肃省是全国药材主要产区之一，现有药材品种9 500多种，居全国第2位。

全省草原面积2.14亿亩（1亩≈666.67 m²），居全国第5位，占全省面积的33.59%，草原综合植被盖度53.04%，居全国第27位，草原是甘肃省内面积最大的陆地生态系统。甘肃省的草原主要分布在甘南高原、祁连山-阿尔金山及北部沙漠沿线一带，主要草原类型有高寒灌丛草甸、温性草原、高寒草原、温性草甸草原、高寒草甸、低平地草甸、暖性草丛等14个类88个草地型。

2.1.4　土地利用状况

黄河流域甘肃段涉及兰州市、白银市、天水市、武威市、平凉市、庆阳市、定西市、甘南州、临夏州9个市（州），根据第三次全国国土调查公报数据，将9个市（州）的土地利用数据进行统计，结果如下：耕地3 580 093.38 hm²（5 370.14万亩），白银市、定西市、庆阳市耕地面积较大，约占黄河流域耕地面积的56%；种植园用地284 593.11 hm²（426.90万亩），平凉市、天水市、庆阳市种植园用地面积较大，约占黄河流域种植园用地面积的80%；林地4 222 980.05 hm²

图例

—— 一级分区界线（植被区域）

······· 三级分区界线（植被区）

N

km
0　100　200　　400

VII Bii-2

VII Bi-5

VII Bi-2

VII Bi-4

VII Bi-1

VII Bii-3

VI Aib-2

VI Aib-1

III ia-4

III ib-4

IV Ai-4

VIII Bi-1

甘肃省植被系区划：

Ⅲ. 暖温带落叶阔叶林区域
Ⅲ A. 暖温带落叶阔叶林区域
　Ⅲ ia. 暖温带北部落叶栎林亚地带
　　Ⅲ ia-4. 陇东地区东南部黄土高原，栽培植被，油松、辽东栎，槲树林区
　Ⅲ ib. 暖温带南部落叶栎林亚地带
　　Ⅲ ib-4. 陇南地区北部山地，栽培植被，油松、油松，栓皮栎，锐齿槲栎林区
Ⅳ. 亚热带常绿阔叶林区域
Ⅳ A. 东部（湿润）常绿阔叶林阔叶混交林区域
　Ⅳ Ai. 北亚热带常绿落叶阔叶混交林地带
　　Ⅳ Ai-4. 秦、巴山地丘陵，巴山松，栓类林，华山松林区
Ⅵ. 温带草原区域
Ⅵ A. 东部草原亚区域
　Ⅵ Ai. 温带南部草原亚地带
Ⅵ B. 温带草原亚区域
　Ⅵ Aib. 温带中部草原亚地带
　　Ⅵ Aib-1. 陇东陇中黄土高原黄土高原荒漠草原区
　　Ⅵ Aib-2. 陇中北部黄土高原荒漠草原区
Ⅶ. 温带荒漠区域
Ⅶ B. 温带半灌木、灌木荒漠亚区域
　　Ⅶ Bi-1. 阿拉善高原化荒漠、半灌木荒漠区
　　Ⅶ Bi-2. 马鬃山－诺敏戈壁、稀疏灌木、半灌木荒漠区
　　Ⅶ Bi-3. 东祁连山地、暖温性针叶林、半灌木、草原区
　　Ⅶ Bi-4. 西祁连－东阿尔金高盆地、半灌木、荒漠、盐沼区
　　Ⅶ Bi-5. 柴达木高盆地、半灌木荒漠地带
　Ⅶ Bii. 暖温带灌木、半灌木荒漠、沙漠、稀疏灌木、半灌木荒漠区域
　　Ⅶ Bii-2. 塔里木东部荒漠稀疏灌丛、草甸亚区域
Ⅷ. 青藏高原高寒植被区域
Ⅷ B. 高寒荒漠草甸灌丛、高原、高寒灌丛、草甸区
　Ⅷ Bi. 甘南高原，高寒灌丛、草甸区

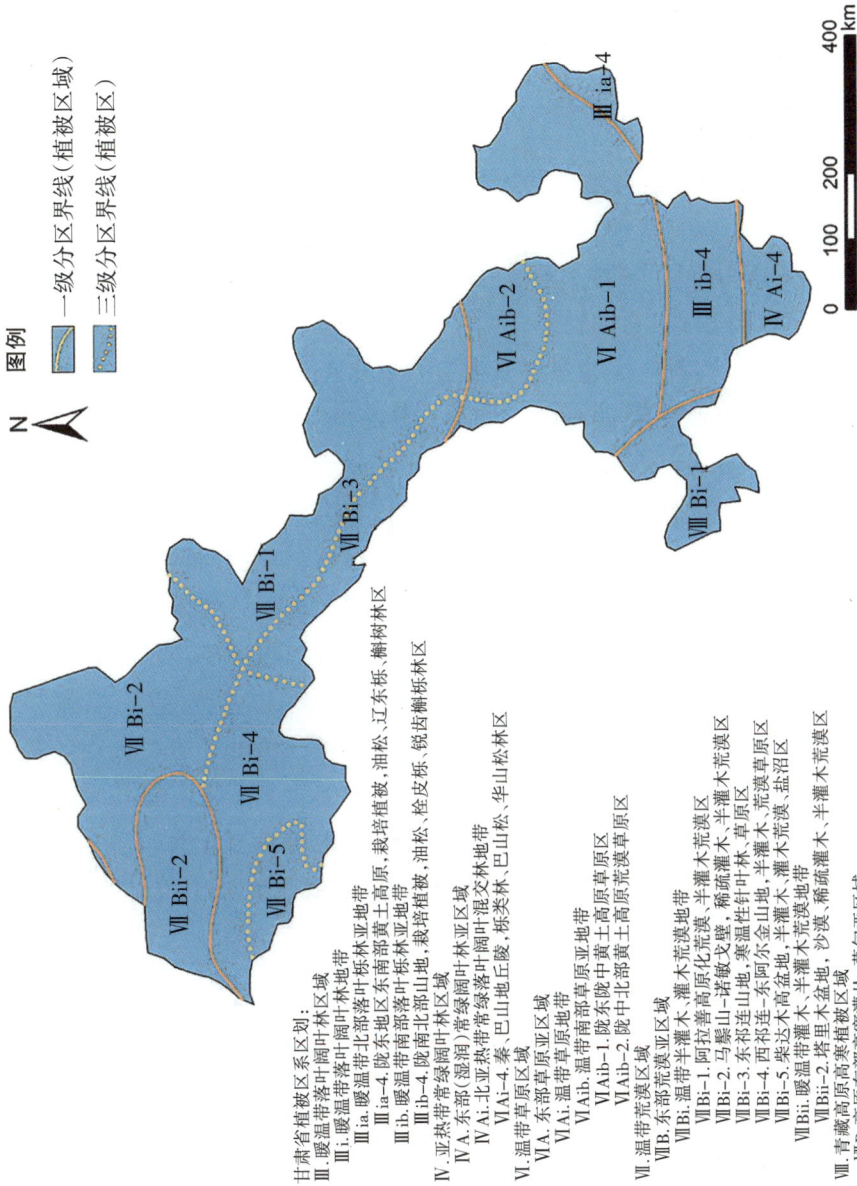

图 2-4　甘肃省植被区划

（6 334.47万亩），甘南州、天水市、庆阳市林地资源较为丰富；草地5 888 359.91 hm²（8 832.54 万亩），甘南州、武威市、庆阳市草地面积较大；建设用地1 316 586.74 hm²（1 974.88万亩），兰州市、白银市、天水市建设用地面积较大，约占黄河流域建设用地面积的60%。

2.1.5　矿产资源分布特征

目前，甘肃省已发现各类矿产119种（含亚矿种180种），其中，已查明资源储量的有77种（含亚矿种114种）。黄河流域内矿产资源丰富，矿业开发已成为甘肃省经济发展的重要支柱。流域内成矿地质条件优越，矿产资源较为丰富，不但种类繁多、类型多样，而且组分复杂、规模各异，远景可观。

表2-1为甘肃省黄河流域各市（州）主要矿产资源分布情况。陇中黄土高原丘陵区矿产资源主要集中在兰州市、临夏州、白银市，这几个市（州）的矿产资源较丰富，以煤炭及非金属为主。兰州市主要矿产资源有煤、水泥用灰岩、地热、油页岩等；临夏州矿产资源以非金属为主，主要矿产资源有水泥用石灰岩、砖瓦用黏土、建筑用砂石等；白银市成矿地质条件优越，矿种多，主要矿产资源有煤、铜、铅、锌、水泥用大理岩、陶瓷土等。位于甘南高原区的甘南州有较为丰富的金属矿，其优势资源为金矿，已查明金资源量居全省之首。祁连山区域黄河流域包括天祝藏族自治县（以下简称"天祝县"）和古浪县两地，天祝县主要矿产资源有煤、稀土、磷、石膏，古浪县主要矿产资源有石膏、水泥用灰岩、高岭土、陶瓷土。陇南北部低山区矿产资源分布于庆阳市、天水市、平凉市，庆阳市主要矿产资源有石油、天然气、煤、煤层气、页岩气等，其中，煤、石油资源储量居全省首位；天水市主要矿产资源有金、铁、铜、水泥用石灰岩等；平凉市主要矿产资源有煤炭、石灰岩等。

表2-1　甘肃省黄河流域各市(州)主要矿产资源分布情况

矿产资源分布区域		主要矿产资源
陇中黄土高原丘陵区	兰州市	煤、水泥用灰岩、地热、油页岩
	临夏州	水泥用石灰岩、砖瓦用黏土、建筑用砂石
	白银市	煤、铜、铅、锌、水泥用大理岩、陶瓷土
	定西市	大理石、红柱石

矿产资源分布区域		主要矿产资源
甘南高原区	甘南州	金、铁、铀、砷
祁连山区域	天祝县	煤、稀土、磷、石膏
	古浪县	石膏、水泥用灰岩、高岭土、陶瓷土
陇南北部低山区	庆阳市	石油、天然气、煤、煤层气、页岩气
	天水市	金、铁、铜、水泥用石灰岩
	平凉市	煤炭、石灰岩

2.2　社会经济

2.2.1　社会经济发展状况

2023年，甘肃省地区生产总值11 863.8亿元，按不变价格计算，比上年增长6.4%。其中，第一产业增加值1 641.3亿元，增长5.9%；第二产业增加值4 080.8亿元，增长6.5%；第三产业增加值6 141.8亿元，增长6.4%。2023年甘肃省黄河流域历史遗留矿山所在市（州）的地区生产总值和产业增加值情况见表2-2和图2-5，9个市（州）中，兰州市地区生产总值最高，达到3 487.3亿元，其次为庆阳市，其地区生产总值超过1 000亿元，为1 100.4亿元。其他市（州）地区生产总值均在1 000亿元以下，最高的为天水市，为856.8亿元。

表2-2　2023年甘肃省黄河流域历史遗留矿山所在市（州）的

地区生产总值和产业增加值统计表　　　　　　　　　单位：亿元

市（州）	地区生产总值	第一产业增加值	第二产业增加值	第三产业增加值
兰州市	3 487.3	73.1	1 120.6	2 293.6
白银市	672.3	124.8	264.4	283.1
定西市	600.1	123.7	105.8	370.6
平凉市	668.6	164.0	191.0	313.6

续表2-2

市（州）	地区生产总值	第一产业增加值	第二产业增加值	第三产业增加值
天水市	856.8	172.5	217.7	466.6
庆阳市	1 100.4	136.5	594.7	369.2
武威市	708.1	232.4	127.9	347.8
临夏州	439.7	82.6	93.5	263.6
甘南州	260.8	44.0	32.7	184.1

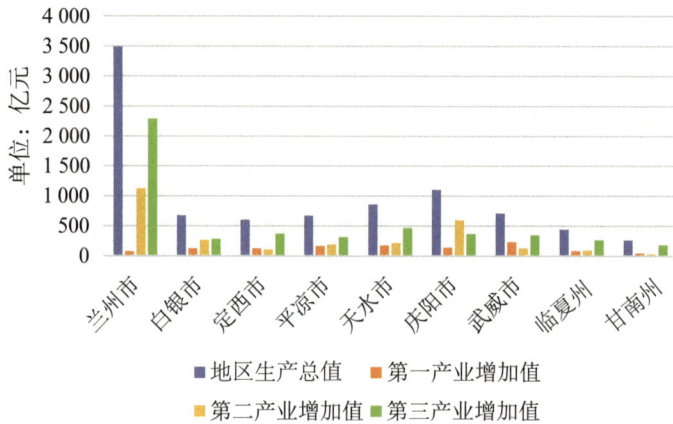

图2-5　2023年甘肃省黄河流域历史遗留矿山所在市（州）的
地区生产总值和产业增加值

2.2.2　人口

黄河是中华文明最主要的发源地，是全国第二大河流，养育人口约3亿人。2022年调查数据显示，甘肃省黄河流域常住人口1 967.58万，其中，城镇人口1 065.23万人，乡村人口902.35万人，分别占比54.14%、45.86%；新生婴儿17.07万人，出生率8.68‰，死亡人口16.46万人，死亡率8.37‰，自然增长率0.31‰。在9个市（州）中，兰州市常住人口最多，其次为天水市、定西市、庆阳市，甘南州常住人口最少，表2-3为2022年甘肃省黄河流域各市（州）人口数量统计表。

表 2-3　2022 年甘肃省黄河流域各市(州)人口数量统计表

市(州)	年末常住人口(万人)	城镇		乡村		出生率(‰)	死亡率(‰)	自然增长率(‰)
		人口(万人)	比重(%)	人口(万人)	比重(%)			
兰州市	441.53	371.18	84.07	70.35	15.93	6.61	5.98	0.64
白银市	150.21	87.60	58.32	62.61	41.68	8.37	8.85	−0.48
天水市	295.44	140.81	47.66	154.63	52.34	8.58	9.10	−0.52
武威市	144.51	71.31	49.35	73.20	50.65	7.84	10.55	−2.72
平凉市	182.25	85.27	46.79	96.98	53.21	8.30	9.48	−1.19
庆阳市	215.84	94.92	43.98	120.92	56.02	8.76	9.02	−0.27
定西市	250.58	100.99	40.30	149.59	59.70	8.73	9.21	−0.47
临夏州	212.40	82.87	39.02	129.53	60.98	13.54	8.07	5.47
甘南州	74.82	30.28	40.47	44.54	59.53	10.25	7.89	2.36
合 计	1 967.58	1 065.23	54.14	902.35	45.86	8.68	8.37	0.31

2.3　地质环境背景

2.3.1　水文地质

甘肃省黄河流域主要包含黄土高原一级水文地质单元,黄土高原地形破碎,地貌类型多样,受其影响,地下水分布情况十分复杂。在天然状态条件下,大气降水渗入是黄土层地下水唯一补给来源,潜水广泛赋存于黄土的孔隙、裂隙中。各地富水性、水质有较大差异,总体属于缺水干旱地区。黄土高原一级水文地质单元又可划分为陇东黄土高原、六盘山地、陇西黄土高原、陇南山地这 4个二级水文地质单元。

陇东黄土高原水文地质单元位于六盘山以东,主要含水层为下白垩统志丹群和第四系中更新统黄土。六盘山地水文地质单元含中、下古生界基岩裂隙水和白垩-第三系裂隙孔隙水。陇西黄土高原水文地质单元地下水类型多,水量贫乏，水质差。陇南山地水文地质单元包含两个部分，分别为南秦岭山地和北秦岭山地，地下水类型以基岩裂隙水为主，富水性强，水质较好。

除了黄土高原水文地质单元，流域内还包括西部的甘南高原水文地质单元，该单元主要为基岩裂隙水，补给条件好，富水性强。

2.3.2　工程地质

黄河在甘肃省境内穿越多个地貌、地质构造单元，流域范围内工程地质条件复杂，主要包含了以下岩组：坚硬块状侵入岩岩组，软弱中厚层状砂岩岩组，较坚硬至软弱中厚层状-薄层状砂岩夹黏土岩岩组，薄层状砂岩夹黏土岩岩组，较坚硬至软弱薄层状砂砾岩夹黏土岩岩组，较坚硬至软弱中厚层状黏土岩夹砂砾岩岩组，较坚硬至软弱薄层状砂质泥岩、砂岩岩组，软弱中厚层状黏土岩岩组，较坚硬至软弱中厚层状-薄层状含煤碎屑岩岩组，坚硬块状-薄层状弱岩溶化碳酸盐岩岩组，坚硬至软弱中厚层状碳酸盐岩夹砂岩、泥岩岩组，坚硬至软弱中厚层状-薄层状碳酸盐岩夹砂岩、泥岩岩组，坚硬至软弱块状-薄层状碳酸盐岩夹砂岩、泥岩岩组，坚硬至较坚硬页片状片岩、片麻岩岩组，坚硬至较坚硬中厚层状砂岩、板岩、千枚岩岩组，坚硬至软弱薄层状砂岩、板岩岩组，坚硬至软弱页片状页岩、砂岩、火山岩岩组。

2.3.3　环境地质

（1）水资源与水环境

甘肃省黄河流域的水资源缺乏，整体属于资源型缺水地区。据《2022年甘肃省水资源公报》，黄河流域水资源总量为90.36亿m³，比多年平均值120.38亿m³偏小了24.9%，比上年值114.32亿m³减小了21.0%；地表水资源量86.45亿m³，地下水资源量36.67亿m³，与地表水不重复的地下水资源量3.91亿m³，流域产水系数0.15，产水模数6.33万m³/km²（表2-4）。

表2-4　黄河流域水资源总量表（2022年）

流域分区	地表水资源量（亿m³）	地下水资源量（亿m³）	水资源总量（亿m³）	产水系数	产水模数（万m³/km²）
黄河	86.45	36.67	90.36	0.15	6.33

甘肃省黄河流域的水资源分布也存在巨大差异。甘南、陇南等地区水资源

较为丰富，而处于黄土高原的陇东、陇中等地区则水资源较为缺乏。随着经济的发展，这些城市的人口、资源将逐步向重要城市迁移，其水资源问题将更加突出。

甘肃省黄河流域的水环境质量有待提升，研究区普遍干旱少雨，除干流外，大多数支流水量小且多为季节性河流，水环境问题尤为突出。黄河流域甘肃段不能稳定达到亚类水质的断面有 5 个，均位于各级支流，包括祖厉河井沟断面、渭河伯阳断面、散渡河小河口断面、葫芦河仁大川桥断面、马莲河洪德断面。

(2) 土壤环境特征

甘肃省西北地区的代表土类为灰棕漠土，中部地区的代表土类为灰钙土，东南地区的代表土类为褐土，这三种土类的黏粒（<0.001 mm）含量排列顺序为：褐土>灰钙土>灰棕漠土。与背景值含量对比来看，除 Zn 外，Cu、Pb、Cd、Ni、Cr、Hg、As、Co、V、Mn、F 与黏粒含量大小排列顺序一致，同样是褐土>灰钙土>灰棕漠土。甘肃省东南部伸入我国的湿润、半湿润北亚热带和暖温带的森林带，气温高，降水量多，气候湿润，风化作用强，常绿阔叶植物与落叶植物生长繁茂，土壤黏粒形成和移动过程明显，盐基淋溶作用活跃，粒径 0.01～0.1 mm 的颗粒含量低，物理性黏粒（<0.001 mm）含量高。河西走廊属干旱的内陆荒漠，降水量少，植被稀疏，植被多为耐旱、深根的灌木和小半灌木，风化作用弱，粒径 0.01～0.1 mm 的颗粒含量高，物理性黏粒（<0.001 mm）含量低。中部地区在陇南山地和河西干旱内陆之间，年降水量 250～500 mm，是我国农业与牧业的交错地带，植被以草原为主，风化作用较陇南地区弱，粒径 0.01～0.1 mm 的颗粒和物理性黏粒（<0.001 mm）含量居中。

(3) 地球化学背景

黄河流域境内地貌复杂多样，山地、高原、平川、河谷交错分布，形成各具特色的地球化学景观。根据全国地球化学景观分区及甘肃省自然地理特征，将甘肃省黄河流域分为以下地球化学景观区：祁连高寒高山景观区、陇东部黄土覆盖景观区、甘南高寒草原景观区和东南部中高山景观区。其中，祁连高寒高山景观区地球化学作用以物理风化及机械搬运作用为主，化学风化和生物风化较弱，CaO、MgO、Na_2O 等化合物含量较高；陇东部黄土覆盖景观区地球化学作用以物理风化为主，化学风化次之，生物风化较弱，主要化合物有 CaO、MgO、Na_2O 等；甘南高寒草原景观区地球化学作用以化学风化和生物风化为主，物理风化较弱，化学作用积累较厚重，地球化学活性总体不强，该区地形平缓，植被发育，风化土壤厚度大、分布广；东南部中高山景观区地形切割深，雨量充沛，气候温暖，残坡积土壤普遍发育，物理、化学、生物这三种风化作用均较强，多种元素在次生作用中富集，为区域化探找矿效果最好的分区。

2.4 生态功能分区

黄河流域生态功能区有陇中陇东黄土高原生态安全屏障区、甘南高原黄河上游生态安全屏障区、中部沿黄河地区生态走廊和南部秦巴山地生态安全屏障区。

2.4.1 陇中陇东黄土高原生态安全屏障区

该区域位于甘肃省黄土高原丘陵沟壑水土保持生态功能区，涉及定西市、平凉市、庆阳市、天水市大部分县区，以及白银市会宁县、兰州市榆中县。属黄河上游支流渭河流域、祖厉河流域、泾河流域，是国家级重点生态功能区，也是省级农产品主产区。

（1）自然生态状况

该区域地貌差异较大，大致分为黄土丘陵沟壑区、黄土低山丘陵区。地势南低北高，区域内地形破碎，山洪沟、泥石流沟和滑坡体分布广泛，是我国泥石流和滑坡最发育的地区之一。陇东中部有世界上最大、土层最厚的天下第一塬——董志塬。气候属暖温带半湿润及中温带半干旱气候，北部干旱少雨，南部高寒阴湿，气候垂直分布，差异较大，年降水量400~700 mm。土壤多为山地棕壤与山地褐土，植被类型以中、低覆盖度草地和稀疏灌丛为主。该区域有渭河源国家森林公园、太统崆峒山国家级自然保护区、子午岭国家级自然保护区。

（2）主要生态问题

该区域土壤贫瘠，水土流失严重，渭河是黄河流域泥沙含量最大的支流之一，泾河流域是世界上水土流失最严重的地区之一。区域内经济落后，黄土塬面逐年萎缩加剧、沟多坡陡、地形起伏破碎、植被覆盖率低是其主要的生态环境问题。长期以来，水土流失冲刷塬面，将塬面"撕裂"，沟床下切、沟头滑塌、沟岸扩张，塬面逐年萎缩。石油、煤、气等资源的开发，导致该区域生态系统质量下降，水土流失严重，河道及水库淤积严重，影响黄河中下游生态安全。庆阳北部地处毛乌素沙漠边缘的鄂尔多斯盆地与黄土高原的交会处，属残塬沟壑区向沙漠区和半干旱草原向半干旱沙漠的过渡地带，是陇东地区唯一深受沙漠化危害的地区。受自然条件影响，该区域植被自然恢复能力弱、恢复周期长，并且受到自然地理条件限制，水土流失综合治理难度大、治理成本高。

（3）生态修复方向

针对水土流失开展流域综合治理、固沟保塬等工程，保障黄河上游生态安全。通过退耕还林、调整人工林结构等人工辅助措施，促进天然草原植被自然恢复，完善北部防沙治沙体系，抵御毛乌素沙地南侵。

（4）重点修复区域

涉及区域有和政县、榆中县、会宁县、安定区、岷县、张家川回族自治县（以下简称"张家川县"）、华亭市、崆峒区、崇信县、环县。

2.4.2　甘南高原黄河上游生态安全屏障区

该区域位于青藏高原东北边缘，处于黄土高原和秦岭山地向青藏高原过渡地带。东北以西倾山为界，东南与四川省阿坝藏族羌族自治州的若尔盖县、阿坝县为邻。涉及甘南州大部分地区（除迭部县、舟曲县），是甘南黄河上游重要水源补给区，属三江源高寒草甸草原生态区黄河源高寒草甸草原生态亚区，包括积石山地灌丛草甸水源涵养生态功能区、玛曲黄河首曲牧业及沙漠化控制生态功能区。

（1）自然生态状况

该区域地势西北高、东南低，海拔 3 500～4 000 m，东南为黄河二级阶地，属于高寒大陆性气候，多风雨、雪，年平均气温 1.2 ℃。土壤以草毡土、草甸土、黑毡土为主，植被类型以高覆盖度草地为主。该区域有黄河首曲国家级自然保护区、尕海-则岔国家级自然保护区、玛曲青藏高原土著鱼类省级自然保护区。

（2）主要生态问题

该区域的主要生态问题是黑土滩面积大，鼠害危害严重，草地生态系统功能退化。由于天然草原退化、湿地萎缩和森林面积减小，水源涵养能力不断降低，草原遭受沙化和鼠害、虫害威胁，尤其是玛曲黄河沿岸沙化线达 220 km，草原生态修复治理任务艰巨。区内矿产资源丰富，赋存条件好，由于历史的原因，形成的历史遗留矿山地质环境问题突出。

（3）生态修复方向

大力开展轻度退化林地、草地、湿地保护保育，中度退化林地、草地人工辅助修复，重度退化草地人工修复再生，开展重点湿地保护与修复，加大黑土滩型退化草原治理，加强鼠害、虫害防控，开展历史遗留矿山生态修复，全面遏制草原沙化趋势，增强水源涵养功能。

（4）重点修复区域

重点修复区域为玛曲县、卓尼县、临潭县。

2.4.3　中部沿黄河地区生态走廊

该区域是黄河干流在甘肃省境内中部地区的主要流经区域，主要涉及兰州市、白银市（除会宁县）及临夏州永靖县，是全国"两横三纵"城市化战略格局路桥通道的重要支点，是兰西城市群重要节点城市分布核心区，是国家级重点开发区，也是省级农产品主产区。

（1）自然生态状况

该区域属腾格里沙漠和祁连山余脉向黄土高原过渡地带，海拔1 200～3 500 m，地势由东南向西北倾斜。属于温带大陆性气候，白银市年均气温6～9 ℃，年均降水量180～450 mm，兰州市年均气温10.3℃，年均降水量不足350 mm。土壤以棕漠土为主，植被类型以中、低覆盖度草地为主。该区域有景泰黄河石林国家地质公园、吐鲁沟国家森林公园、天府沙宫地质公园、石佛沟国家级森林公园、兴隆山国家森林公园、寿鹿山国家森林公园等自然保护区。

（2）主要生态问题

该区域地处大陆性干旱气候区，植被大体分为山地草甸草原、山地森林灌丛、干旱草原、荒漠化草原及荒漠植被类型。在水平分布上自南向北逐渐由草原向荒漠过渡，植被草场呈明显退化趋势，天然草原面积缩小，北部草原面临沙漠化威胁。城市污染问题较突出，兰州市和白银市都是甘肃省重要的工业城市，工业废水、尾矿库污染威胁着当地的生态环境和水资源安全，位于兰州市西固区黄河岸边的几家化工厂，对下游用水安全存在着隐患。

（3）生态修复方向

保护黄河水资源安全，科学统筹水资源利用，发展节水农业，保证生态用水。加大沙化土地治理，完善防沙体系，开展人工辅助措施，提升生态系统的结构完整性和功能稳定性。

（4）重点修复区域

涉及县（区）有兰州市主城区、永靖县、靖远县、平川区、白银区。

2.4.4 南部秦巴山地生态安全屏障区

该区域位于甘肃省南部，包括陇南市、甘南州迭部县、甘南州舟曲县、天水市麦积区、天水市秦州区。该区域是国家级重点生态功能区，也是国家级重点开发区和省级农产品主产区的重要组成部分，是甘肃省生态红线分布十分集中的区域，由西北向东南是青藏高原向秦岭的过渡区域。

（1）自然生态状况

该区域地貌以山地为主，地貌类型为山地—丘陵—河谷地貌，总体地势自西北向东南倾斜，海拔南北高、中间低，最低处不足600 m，属于暖温带湿润型气候，年降水量450 mm以上。土壤以淋溶土、钙层土、高山土等为主。该区域是甘肃省主要的天然林分布区，北部以北温带和暖温带成分为主，南部属于暖温带阔叶林和常绿阔叶-落叶混交林的北亚热带边缘地区，是温带至暖温带的过渡地区，植被类型十分丰富，主要水系有西汉水、白龙江、嘉陵江等。该区域有大熊猫国家公园白水江片区、秦州珍稀水生野生动物国家级自然保护区、康县大鲵省级自然保护区、成县鸡峰山省级自然保护区、礼县香山省级自然保护区等自然保护区。

（2）主要生态问题

区域内常年水土流失导致林草植被水源涵养和水土保持等能力持续下降，加之特殊的地质地貌和降水条件，流域内河流泥沙含量大，水土流失严重，山洪、泥石流地质灾害频发，森林草原退化，生物多样性逐渐减少，水源涵养等生态功能减弱，矿山地质环境恢复治理任务艰巨。

（3）生态修复方向

加快国家公园建设，加强森林河湖保护力度，推动保护区生态系统自然恢复。开展水土流失综合治理和生物多样性功能维护，用以自然恢复为主、人工干预为辅的生态修复方式推进区域内野生动植物生存环境恢复和生物多样性保护，提升生态系统的结构完整性和功能稳定性，努力推进区域内矿山环境恢复治理。

（4）重点修复区域

涉及区域有麦积区、秦州区。

2.5　甘肃省黄河流域历史遗留矿山现状

2.5.1　类型及分布

按照2021年全国历史遗留矿山核查认定结果，甘肃省黄河流域历史遗留矿山（图斑）可被分为两类：一类是无法确认治理恢复责任主体的无主废弃矿山（图斑），另一类是由政府承担治理恢复责任的政策性关闭矿山（图斑）。经统计，两类矿山（图斑）的数量分别为2 966个、497个。

历史遗留矿山（图斑）在黄河流域涉及的9个市（州）的分布情况如图2-6、图2-7所示。兰州市无法确认治理恢复责任主体的无主废弃矿山（图斑）最多，图斑数量达到840个；其次为白银市，有644个；临夏州最少，只有7个；平凉市和定西市的政策性关闭矿山（图斑）较多，分别有188个和146个；其他市（州）的历史遗留矿山（图斑）均以责任人灭失的无主废弃矿山（图斑）为主。历史遗留矿山（图斑）在甘南州西部和庆阳市东部分布较为稀疏和零散，在其他区域分布较为密集，在平凉市、兰州市、白银市部分县（区）内分布相对集中。

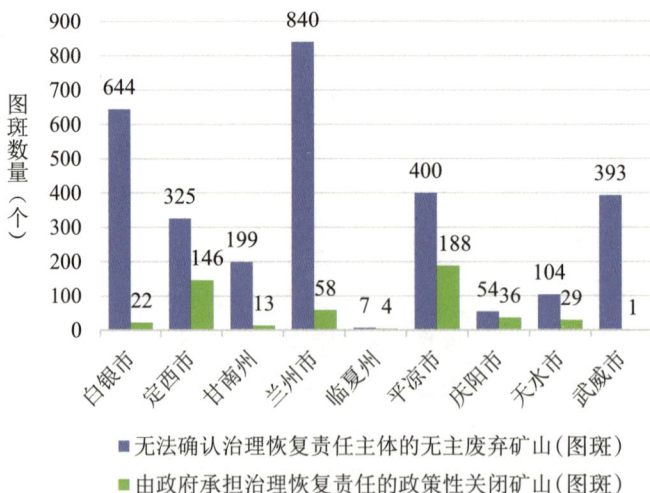

图2-6　各市(州)不同类型矿山(图斑)数量柱状图

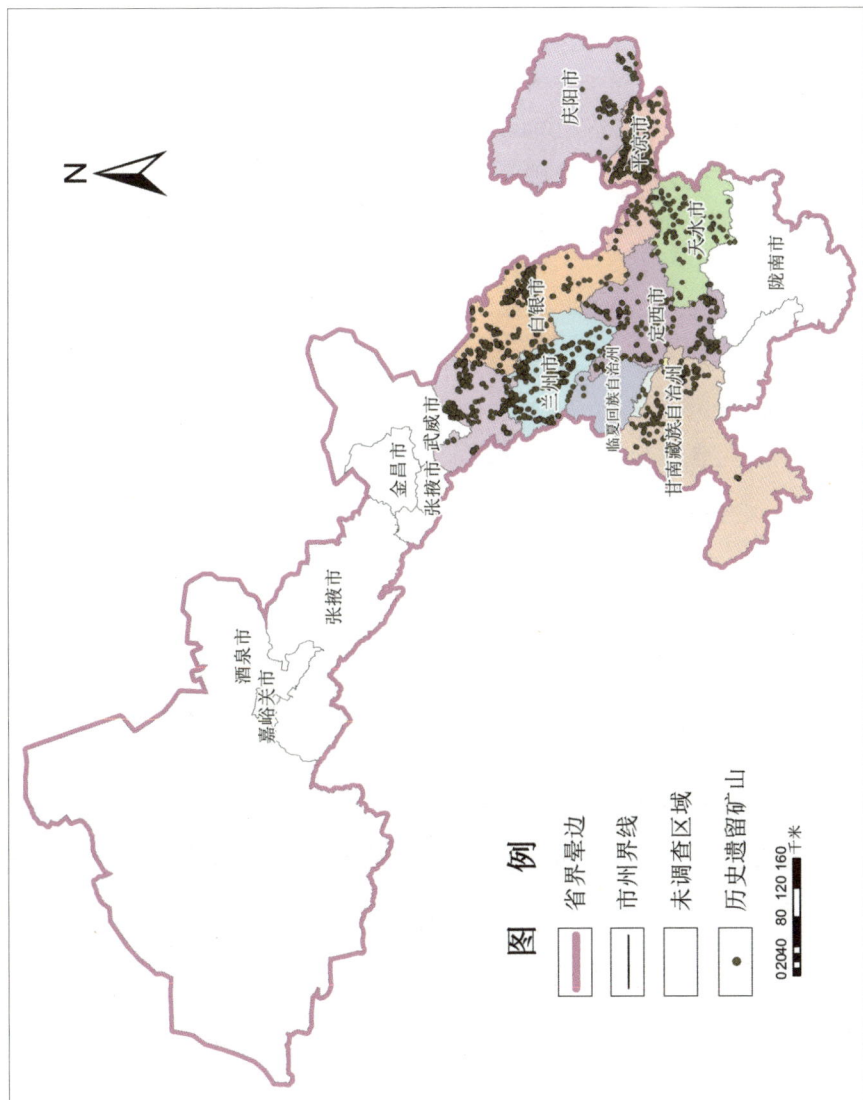

图 2-7　甘肃省黄河流域历史遗留矿山（图斑）分布图

注：该图基于国家地理信息公共服务平台公布的审图号为 GS（2024）0650 号的标准地图制作，地图无修改。

2.5.2　数量及规模

根据2021年历史遗留矿山核查认定结果，甘肃省黄河流域历史遗留矿山（图斑）共有3 463个。图2-8、表2-5分别为甘肃省黄河流域各市（州）、各县（区）历史遗留矿山（图斑）数量及分布情况，数量由多到少依次为兰州市、白银市、平凉市、定西市、武威市、甘南州、天水市、庆阳市、临夏州，数量分别为898个、666个、588个、471个、394个、212个、133个、90个、11个。图斑在地域分布上差异较大，有5个市的矿山（图斑）数量超过300个，总数约占矿山（图斑）总数的87.12%，分别为兰州市、白银市、平凉市、定西市和武威市。

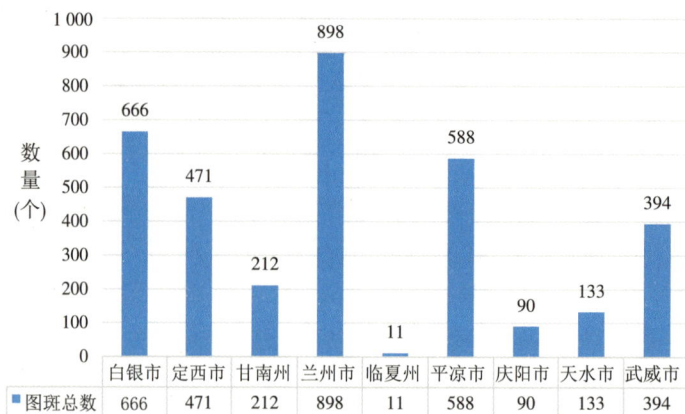

图2-8　甘肃省黄河流域各市（州）历史遗留矿山（图斑）数量柱状图

表2-5　甘肃省黄河流域各县（区）历史遗留矿山（图斑）数量统计表　　　　单位：个

市（州）	县（区）	图斑总数	已治理数量	未治理数量
白银市	白银区	41	11	30
	会宁县	35	3	32
	景泰县	135	7	128
	靖远县	44	6	38
	平川区	411	22	389
	合计	666	49	617
甘南州	合作市	39	18	21
	临潭县	45	21	24

市(州)	县(区)	图斑总数	已治理数量	未治理数量
	玛曲县	7	1	6
	夏河县	63	41	22
	卓尼县	58	18	40
	合计	212	99	113
兰州市	安宁区	9	9	0
	城关区	4	4	0
	皋兰县	211	3	208
	红古区	29	5	24
	七里河区	61	17	44
	永登县	560	47	513
	榆中县	24	12	12
	合计	898	97	801
临夏州	和政县	5	5	0
	永靖县	6	0	6
	合计	11	5	6
天水市	秦州区	35	26	9
	麦积区	12	12	0
	清水县	24	16	8
	秦安县	25	16	9
	甘谷县	2	2	0
	武山县	7	5	2
	张家川县	28	14	14
	合计	133	91	42
武威市	古浪县	265	23	242
	天祝县	129	82	47

续表 2-5

市(州)	县(区)	图斑总数	已治理数量	未治理数量
	合计	394	105	289
平凉市	崆峒区	210	158	52
	泾川县	65	33	32
	灵台县	36	36	0
	崇信县	54	18	36
	华亭市	175	17	158
	庄浪县	29	29	0
	静宁县	19	10	9
	合计	588	301	287
庆阳市	西峰区	44	6	38
	庆城县	1	1	0
	环县	2	0	2
	正宁县	36	10	26
	镇原县	7	0	7
	合计	90	17	73
定西市	安定区	105	8	97
	通渭县	5	5	0
	陇西县	25	13	12
	渭源县	43	11	32
	临洮县	59	36	23
	漳县	23	8	15
	岷县	211	19	192
	合计	471	100	371
总计		3 463	864	2 599

　　甘肃省黄河流域历史遗留矿山（图斑）面积总和为 10 615.300 2 hm²，根据地域分布，历史遗留矿山（图斑）面积总和达到 2 000 hm² 以上的依次为兰州市、白银市、平凉市，这 3 个市的历史遗留矿山（图斑）面积约占总（图斑）面积的63.95%，其次为定西市、武威市、甘南州，历史遗留矿山（图斑）面积相对较少的是天水市、庆阳市、临夏州。

2.5.3　恢复治理情况

　　3 463 个矿山（图斑）中，在调查之前已有 864 个被治理。对其余的 2 599 个矿山（图斑）进行详细调查后发现，508 个已恢复治理，141 个正在治理，1 950 个未得到治理（图 2-9）。

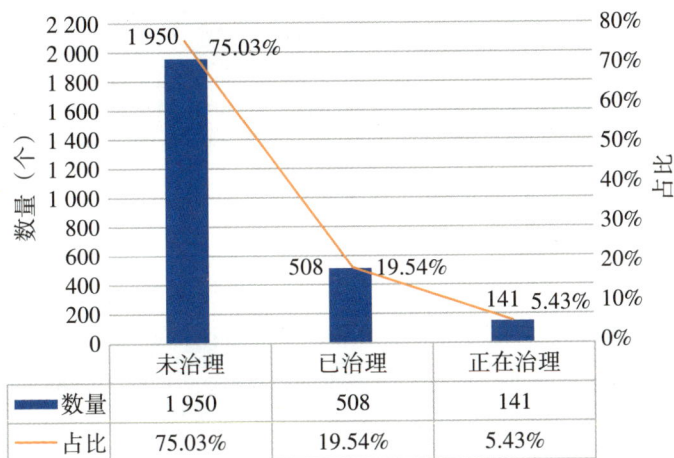

	未治理	已治理	正在治理
数量	1 950	508	141
占比	75.03%	19.54%	5.43%

图 2-9　甘肃省黄河流域历史遗留矿山（图斑）恢复治理现状

　　对调查前就已治理的 864 个矿山（图斑）进行了核查，确认了其恢复方式及恢复效果。864 个矿山（图斑）恢复情况良好，其中，自然恢复的有 499 个，工程修复的有 240 个，转型利用的有 125 个（表 2-6）。

表 2-6　864 个已治理矿山（图斑）的恢复方式统计表

修复方式	数量（个）
自然恢复	499
工程修复	240
转型利用	125

自然恢复、工程修复、转型利用的图斑的恢复治理情况如下：

（1）自然恢复图斑

C620802201012713010334l002图斑位于甘肃省平凉市崆峒区白庙乡柴寺村，该图斑原为建筑用砂采场，现已自然恢复，植被覆盖率较高，自然恢复效果良好（图2-10）。

图2-10　自然恢复图斑

（2）工程修复图斑

CT6205212016000011001图斑位于甘肃省天水市清水县秦亭镇百家村，该图斑原为建筑用砂采场，现采用整平覆土绿化工程对该图斑进行了治理，治理后图斑内植被覆盖率较高，地形地貌与周边环境较为吻合，治理效果良好（图2-11）。

图2-11　工程修复图斑

（3）转型利用图斑

CT6206222017000045004图斑位于甘肃省武威市古浪县定宁镇肖营村，该图斑原为砖瓦用黏土采场，现已被转型利用为古浪县煤粉制备中心（图 2-12）。

图 2-12　转型利用图斑

2.5.4　存在的主要生态问题

甘肃省黄河流域作为西北典型生态屏障过渡带，具有水源涵养、气候调节、水体净化和生物多样性维护等多种重要的生态系统服务功能。黄河因水少沙多、水沙异源，而成为世界上最为复杂难治的河流之一。近现代，甘肃省黄河流域社会经济快速发展，生态环境承受了巨大的压力。尽管经过持续治理，甘肃省黄河流域生态恶化趋势得到了有效遏制，但由于生态问题复杂，自然禀赋不足，经济发展不平衡、不充分，生态保护和修复工作仍然面临巨大挑战。

（1）植被覆盖不足，生态系统质量不高

全省乔木纯林面积大，亚健康林分面积过半，中幼林所占比例高达 63%，森林生态系统相对脆弱且不稳定。草原质量总体不高，等级较低，生态承载压力较重，近 70% 的草原存在不同程度的退化，治理难度大。由于自然本底原因及人类活动的影响，甘肃省森林覆盖率仅为 11.33%，森林资源总量不足且分布不均，中部及河西地区森林资源稀少。另外，甘肃省地处内陆，气候干旱，降水较少，土壤贫瘠，虽然对林地、草地进行了一系列修复，但仍然存在一系列森林、草原生态环境问题，生态恢复难度大、周期长，并且急需恢复治理的面积较大。

（2）水资源缺乏，水源涵养能力有待提升

甘肃省大部分地处干旱、半干旱地区，降水相对较少，同时蒸发需求强烈，地表缺乏植被保护，水分耗散大，导致甘肃省黄河流域水资源总量不足、时空分布不均衡，人均和亩均水资源量分别为全国平均水平的1/3和1/5。此外，黄河流域是甘肃省经济社会发展的重要区域，黄河流域人口密集，工业集中，农业面源污染重，导致黄河流域水污染防治存在诸多问题，进一步加重了资源性缺水问题。甘肃省黄河沿岸水低地高，水资源利用难度大、成本高，部分地区水资源过度开发，经济、社会用水挤占河湖生态水量，冰川对水源的补给量不断减少，径流调节作用减弱。同时，一度的植被破坏导致森林和草原退化、湿地萎缩，使得区域水源涵养能力降低。

（3）局部荒漠化趋势仍然存在，防风固沙能力尚需巩固

甘肃省位于中国西北干旱带，年降水量较少、气候干旱是土地荒漠化问题的首要因素之一，黄河流域水土流失严重、水资源不充沛、植被覆盖减少，这些问题使得土地荒漠化的主要条件依然存在。针对这些问题，甘肃省政府采取了一系列的措施，包括加强水土保持工程建设、推进退耕还林还草、实施荒漠化土地治理、加强水资源管理和保护等，以期减缓和遏制土地荒漠化的趋势。第六次荒漠化和沙化监测结果表明，全省荒漠化土地、沙化土地面积与第五次监测结果相比分别减少了26.27万hm²、10.45万hm²，全省荒漠化和沙化土地动态变化总体呈递减趋势。虽然土地荒漠化得到了一定程度的遏制，但局部荒漠化趋势仍然存在，要想彻底解决土地荒漠化问题，还需要全社会的共同努力，要做包括改善生态环境、合理利用水资源、加强生态保护等方面的工作。

（4）流域水土流失严重，地质灾害多发

黄土高原是我国水土流失最为严重的地区，也是黄河上游重要的水土保持区。黄河流域甘肃段水土流失面积达到了10.71万km²，占流域总面积的75%。根据资料《甘肃省水土保持规划（2016—2030年）》，甘肃省黄土高原每年向黄河输入的泥沙达4.92亿t，占黄河年输沙量的30.8%，高强度的水土流失给下游的生态安全保障带来了巨大的压力。黄河流域还是甘肃省地质灾害高发区域，泥石流、地震、山体滑坡等也给人民群众的生命财产安全带来了极大危害。

（5）矿山生态环境问题凸显，急需综合治理

甘肃省矿产资源丰富，赋存条件好。但历史上的无序开采、粗放开采及私挖盗采，使矿山周围的土地资源和地表景观遭到了破坏，进而导致土壤保水保肥能力降低、水土流失加剧、地质灾害高发、地面塌陷等。同时，大规模的开采也会改变地下水水层结构，造成地下水水位下降、水质恶化等现象。这些遗留的历史矿山生态问题都将严重影响矿山生态系统和生态环境，急需综合治理。

2.5.5 近年生态修复成效

（1）总体进展及成效

"十四五"规划实施以来，甘肃省实施历史遗留矿山（图斑）生态修复治理项目149个，修复治理历史遗留矿山（图斑）845个，修复治理矿山（图斑）面积3 101.24 hm²，总修复治理面积7 297.57 hm²，其中：已修复治理矿山（图斑）154个，面积474.76 hm²；已竣工未验收矿山（图斑）437个，面积2 107.89 hm²；正在开展修复治理矿山（图斑）254个，面积518.59 hm²。截至目前，累计投入资金146 509.03万元，其中，中央资金87 430.00万元，省级资金50 287.00万元，市县资金8 246.15万元。

（2）黄河流域重点矿山修复工程实施情况

"十四五"规划实施以来，中央财政批复下达的支持甘肃省实施的黄河流域矿山修复项目有3个，分别为白银市平川区共和镇西合村白家滩矿区矿山地质环境恢复治理项目、甘南黄河上游水源涵养区山水林田湖草生态保护修复工程和武威市古浪县历史遗留无主矿山地质环境恢复治理项目。各项目实施情况分别叙述如下：

1）白银市平川区共和镇西合村白家滩矿区矿山地质环境恢复治理项目

该项目于2020年12月批准立项，投资1 710万元，资金来源为中央2021年重点生态保护修复治理资金，修复历史遗留矿山（图斑）点数6个，修复治理图斑面积95.49 hm²，生态修复治理面积114.48 hm²，项目已竣工验收，下一步进行图斑销号。

2）甘南黄河上游水源涵养区山水林田湖草生态保护修复工程

截至2023年6月30日，该项目实施矿山生态修复项目97个，总投资80 500.00万元，其中：2021年度投入矿山生态环境恢复治理中央资金1.91亿元，共有31个项目，已完成矿山生态修复面积372.03 hm²；2022年度投入矿山生态环境恢复治理中央资金3.52亿元，共有38个项目，已完成矿山生态修复面积656.07 hm²；2023年度投入矿山生态环境恢复治理中央资金2.62亿元，共有28个项目，计划完成矿山生态修复面积652.50 hm²。

3）武威市古浪县历史遗留无主矿山地质环境恢复治理项目

该项目于2020年12月批准立项，投资2 880万元，资金来源为中央2021年重点生态保护修复治理资金，修复历史遗留矿山（图斑）点数80个，修复治理图斑面积154.65 hm²，生态修复治理面积217.503 hm²，项目已竣工验收，涉及图斑均已销号。

第3章　矿山生态破坏基本状况调查

3.1　调查要素

　　有关矿山地质环境的调查目前已有相关规范，其中对于调查要素的规范也已做了明确的规定。《矿山地质环境调查评价规范》（DD 2014—05）中，调查内容包含了两大方面，一是调查区地质环境，二是矿山地质环境，前者主要是对调查区域内的气象水文、地形地貌、地层岩性与地质构造、水文地质、工程地质、土地利用现状、植被概况等要素进行调查，后者主要是对调查区域内的地质灾害（崩塌、滑坡、泥石流、地面塌陷、地裂缝）、含水层破坏、地形地貌景观破坏、土地资源破坏、水土环境污染等要素进行调查。《矿山地质环境调查评价技术要求》（DB41/T 2278—2022）中，调查内容与前一规范类似，主要是对地质环境背景和地质环境问题进行调查，与前一规范不同的是，该规范中增加了对矿山基本情况、矿山地质环境综合治理情况、废水和固体废弃物综合利用情况的调查，其中，矿山基本情况主要包括矿山企业名称、性质、生产能力，以及矿山开采历史、现状、方式等。《矿山地质环境调查规范》（DB14/T 1950—2019）中，包含了前两个规范中未涉及的对受损村庄的调查。

　　对于不同类型的矿山，侧重的调查内容也会存在差异。在金属矿山开采的过程中，矿渣中的有害重金属会大量外泄，造成土壤污染和水体污染，使矿山生态环境问题加剧，故在这类矿山中除了对地质灾害、地形地貌破坏、植被破坏等要素的调查，也要注重对重金属污染状况的调查；在建筑石材矿山开采的过程中，大型的采场、采坑对地形地貌的破坏程度较大，区域内往往存在高陡的岩壁，并且岩壁较为破碎，松散的土石体易掉落，从而形成崩塌、滑坡等地质灾害，在此类矿山中应注重对崩塌、滑坡的调查；在井工开采的煤矿中常存在大面积的采空区，若对采空区不及时回填，会引发地面塌陷、地裂缝等地质灾害，地面塌陷不仅会对地形地貌造成破坏，还会对地表构筑物和农田造成不可逆转的损伤，对于井工开采的矿山，应重视对采空区的调查工作。

结合上述规范及相关书籍，本次甘肃省黄河流域历史遗留矿山生态破坏基本状况调查工作中，调查要素主要包括以下几个方面：矿山地质环境背景、矿山基本情况、矿山生态破坏基本状况、已治理矿山的恢复情况（表3-1）。

表3-1　历史遗留矿山生态破坏基本状况调查要素表

调查要素	具体内容
矿山地质环境背景	地形地貌、地层岩性、工程地质条件、水文地质条件、环境地质条件、土壤植被、土地利用现状等
矿山基本情况	地理位置、矿种、开采方式、面积、区位条件等
矿山生态破坏基本状况	地质安全隐患、地形地貌破坏、土地资源损毁、土壤破坏等
已治理矿山的恢复情况	治理方式、治理效果、治理建议

3.1.1　矿山地质环境背景

矿山地质灾害的发生、地形地貌的破坏、地下水的污染、表层土壤的破坏等生态环境问题与地质环境背景息息相关，为了后续调查工作的顺利进行，首先对区域内的地质环境背景进行调查，调查内容如下：

（1）地形地貌

查明区域内大型地貌单元整体的地形特征、每个矿山所在的微地貌，如平原、丘陵、山地、坡脚等。

（2）地层岩性

查明区域内的地层层序、地质年代、岩性特征。

（3）工程地质条件

查明区域内的岩体结构及风化特征、岩体强度及变形特征、岩体物理力学性质、松散覆盖层结构类型等。

（4）水文地质条件

查明区域内的水文地质单元及其特征、地下水类型，主要含水岩组的分布、富水性、透水性，地下水的动态特征、化学特征、补给、径流和排泄条件，地下水与地表水之间的关系等。

（5）环境地质条件

查明区域内的资源与水环境特征、土壤环境特征、地球化学背景等条件。

（6）土壤植被

查明区域内的主要土壤类型及其分布特征，如调查区的植被类型、分布、面积、覆盖率和先锋植被等。

（7）土地利用现状

查明区域内的土地利用现状，包括地类、面积、分布及利用状况。

3.1.2　矿山基本情况

不同矿种、不同开采方式、不同开采年代等都会影响到矿山生态环境的破坏程度，对这些矿山基本信息的调查有助于矿山生态破坏的分类，同时也便于后期调查数据的统计与整理。

矿山基本情况的调查内容包括：矿山地理位置（精确到村）、经纬度、高程，开采历史，矿种，开采方式，面积等。

鉴于后续需对矿山生态破坏状况进行评价，该部分也需对矿山的区位条件进行调查。区位条件是矿山生态环境评价因子之一，评价因子的选取要按照具体的规则确定，有关矿山生态破坏评价的详细内容见第6章。矿山的区位条件包括：与永久基本农田、自然保护地、水源保护地、生态保护红线的位置关系，到城镇、村周边的距离，到交通干线两侧的距离等。

3.1.3　矿山生态破坏基本状况

该部分调查工作主要包含4个方面内容：地质安全隐患、地形地貌破坏、土地资源损毁、土壤破坏。这些方面能够较为直观地体现出矿山生态环境的破坏程度，是野外调查的主要部分，同时也是后续矿山生态环境问题综合评价的主要因子。

（1）地质安全隐患

1）崩塌及其隐患

调查崩塌及其隐患点在矿山中的具体位置，记录经纬度、高程，定点位置位于崩塌体或危岩体处；确定斜坡类型、崩塌规模等级，规模等级通过崩塌体或危岩体的体积划定；确定威胁对象，即坡高 1.5 m 范围内的居民点、村镇、学校、矿山、道路、河流等。

2）滑坡及其隐患

调查滑坡及其隐患点在矿山中的具体位置，记录经纬度、高程，定点位置位于滑坡后缘处；测量坡高、坡长、坡宽，确定滑坡类型、规模等级及滑体性质，规模等级通过滑体的体积划定；确定滑坡的平面形态，一般有半圆形、矩形、舌形、不规则形；确定滑坡的威胁对象，即滑坡附近的居民点、村镇、学校、矿山、道路、河流等。

3）地面塌陷与地裂缝

在塌陷区四周定点，确定塌陷区的位置和范围；测量塌陷坑的长轴、短轴、深度、面积等参数，确定其形态；若某一范围内有多个塌陷坑，则记录塌陷坑的个数、面积及排列形式；若塌陷区及周边存在地裂缝，则记录延伸方向、长度、宽度、形态、数量等特征。

（2）地形地貌破坏

矿产资源的开采不可避免地会对地形地貌造成破坏。大面积的露天采场使得山体基岩裸露，形成陡立的掌子面，工业设施的安装、房屋的修建、采矿道路的铺设等都会对山体造成不同程度的破坏；采矿过程中形成的废渣、废石、废土的大面积堆积以及露天开采形成的大型采坑改变了原始地形，破坏了原有植被，加剧了水土流失，对生态环境造成了严重的负面影响。

地形地貌的破坏主要体现在山体破坏、地表堆积、露天采坑 3 个方面，破坏规模越大，对生态的破坏程度自然也越严重，故调查中重点对破坏山体的最大高度、面积，以及堆积体与采坑的最大高度或深度、面积进行测量。同时，对采矿活动影响破坏的地形地貌的景观类型、位置、破坏方式、影响程度做简要记录。

（3）土地资源损毁

调查土地的破坏形式，如形成露天采场、挖损边坡、形成工业广场、形成废石（土、渣）堆场、房屋（水池、工业设施等）压占、地质灾害损毁等；统计各类破坏形式造成的破坏面积，记录破坏土地在破坏之前所对应的土地利用类型，如耕地、园地、林地、草地、建设用地等，并且对土地资源的可恢复性做出评估。

（4）土壤破坏

矿山表层土壤类型及厚度影响着将来植被恢复的难易程度，表层土壤为壤质且厚度较厚时，植被在自然条件下可能就会恢复，而表层土壤为砾质或更粗且厚度较薄时，植被就很难恢复，需要通过工程措施恢复。表层土壤类型是预测矿山生态环境发展趋势的一个基础。

在调查的过程中，记录表层土壤的类型，土壤类型包括壤质、黏质、砂质、砾质或更粗；测量土壤的最大厚度与最小厚度，估算平均厚度，平均厚度的取值范围为0～1 m。

3.1.4　已治理矿山的恢复情况

此次调查的矿山中，有少数矿山已经被治理，但部分已治理矿山的治理效果并不理想，故对已治理矿山也进行调查。调查内容包括已实施治理的内容、治理时间、综合治理面积、主要治理措施、治理成效等，对治理效果较差的矿山提出恢复治理建议，以加强治理效果。

以上即为本次矿山生态破坏基本状况调查的调查要素，由于此次调查属于普查性质，所以选取的调查要素与规范中相比较为简单，调查的精细程度也相对较低。调查区域面积大，矿山数量众多，在调查周期内难以面面俱到，故主要对影响矿山生态破坏基本状况的主要方面做了重点调查，如地质安全隐患、地形地貌破坏、土地资源损毁、土壤破坏、区位条件等。地表植被破坏及水土污染也是影响矿山生态环境的主要因素，第4章和第5章中对这两部分内容做了详细介绍。

3.2　调查方法与技术路线

3.2.1　调查方法

查阅相关规范可知，在矿山地质环境调查中常用的调查方法主要有资料收集、遥感解译、野外调查、走访调研、地球物理勘查、山地工程及钻探等。

资料收集是矿山调查的第一步，资料收集得越全面，对调查区域的了解程度就越深入，后续的调查也就更为顺利。收集的资料通常包括地质环境背景资料、矿山勘查报告、矿产资源开采与生态修复方案、土地整治情况、矿区周边社会经济概况等。

遥感解译是指从遥感影像中获取有用信息，并将其转化为对地表实况的模拟影像。在进行野外调查之前，通过遥感解译可以大致了解调查区域的地质灾害发育、植被破坏、山体破坏、渣堆及采坑的分布与规模等情况。对遥感解译中不确定的内容，应通过野外调查进行核实。

野外调查是整个调查工作中最为重要的一环，通过野外调查可以最为直观地了解到调查区域的生态破坏情况。一般以矿山为基本单元，采用点面结合的方法进行调查。在手图上记录下矿山的环境破坏类型，并勾画出其范围，用测距仪、GPS等工具测量破坏点的尺寸信息与位置信息。用野外记录本做好野外记录，仔细填写有关表格，做到记录本、工作底图、表格、照片对应。在典型地段、问题点，可按照野外地质工作方法绘制素描图。调查中如有不确定的地方，可通过走访、座谈的方法询问当地居民进行了解。

对于历史原因形成的采空区，以及一些因为矿山开采产生的大的滑坡体结构被植被、第四系所掩盖的，如果通过资料收集、走访、座谈仍无法获取信息，可采用地球物理勘查方式进行调查。若遥感解译和实地调查无法满足工作要求，还可采用山地工程与钻探方法进行调查，如通过浅井、探槽、钻探等工程手段对渣堆、滑坡、地面塌陷、地下含水层破坏等问题进行详细调查。

以上是在矿山环境调查中常用的一些方法，随着科技的进步，矿山调查的方式也更为新颖和高效。在一些地质条件较为复杂的地区，为了保障调查结果的精度，一些综合性的调查方式也应运而生。

卫星遥感技术是矿山调查和监测的重要手段，但在长期多云多雨的地区往往无法及时获取有效的卫星遥感数据，并且取得的数据精度有限，在提取矿山细节特征时图像会表现得模糊。而无人机遥感具有机动性强、受天气影响小、数据分辨率高的特点，弥补了卫星遥感的不足。李迁等利用轻小型无人机获取了某稀土矿的完整影像数据，使用面向对象的方法开展信息提取，查明了矿山的开发状况，更加精确地掌握了调查区域的采矿活动。

毕征峰等对山东省某一矿山的地质构造进行调查时，调查区域内第四系覆盖严重，地表露头少，地层、构造及岩层无法通过地表露头直接观察。为解决这一问题，工作人员利用可控源音频大地电磁测深（CSAMT）和浅层二维地震测量方法进行综合调查，该方法具有较强的分辨能力，能够查明第四系的厚度分布特征和覆盖层下断裂带的发育特征，提高了调查工作效率，为山东省第四系覆盖区地质调查工作提供了技术参考。

矿山生态环境调查受地理位置、地形、气候等多方面的影响，有众多学者为了提高调查评价的精度、深度和广度，将多种调查方法进行了耦合。朱一姝等利用无人机倾斜摄影技术、遥感数据保密技术、数据安全控制技术、遥感影像识别技术等新型技术，为矿山生态环境调查提供了新的方法。该方法主要包括以下三个步骤：首先，利用无人机构建航线、建立测区，进行空中三角测量、像控点测量，获取数字正射影像和三维模型等数据资料；其次，对采集的数据进行保密处理，包括遥感影像精度处理、遥感影像分辨率处理、矢量数据精度处理等；最后，借助遥感影像识别技术对数据进行分析与处理，减少手动识别的工作量，提高地物识别效率。

上述内容对矿山环境调查的常用方法进行了简单陈述，简要列举了三种较为新颖的调查方式，将来在矿山调查工作中可能会面临更加棘手的问题，更多高效便捷的调查方式也会快速发展起来。结合已有调查方法和本次调查的性质，最终确定了本次调查使用以下方法：资料收集、遥感解译、野外调查、走访调研。

（1）资料收集

收集甘肃省第三次全国国土调查、2021年度国土变更调查、2021年历史遗留矿山核查数据等资料，重点整理甘肃省黄河流域历史遗留矿山所在区域（以县域为单元）的环境地质、永久基本农田、生态保护红线、自然保护地、水源保护区、矿山核查数据等资料，明确甘肃省黄河流域历史遗留矿山数量、地理位置、恢复治理情况等基础信息。收集甘肃省矿山地质环境详查报告、甘肃省地下水资源与地质环境报告、甘肃省工程地质说明书等资料，以对调查区域内的矿山地质背景有一个较为全面的了解。

（2）遥感解译

采用高分辨率和无人机等遥感技术对历史遗留矿山生态破坏基本状况进行调查，采用人机交互的方法对崩塌、滑坡、地面塌陷、地形地貌破坏、土地资源损毁的数量、分布位置及范围进行解译。将遥感解译工作贯穿于整个调查工作中，为后续矿山生态破坏基本状况调查中的现场核实工作提供辅助。

1）遥感信息源

使用分辨率优于1 m的卫星遥感影像作为底图，使用CGCS2000坐标系，覆盖整个调查区。该数据云层覆盖量小于10%，而且不覆盖重要地物，图像条带及噪声较少，能够满足遥感解译的精度及要求。

选用Sentinel-1A卫星IW SLC（干涉宽幅模式的斜距单视复数产品）数据上升轨道数据进行处理，成像模式为干涉宽幅（Interferometric Wide Swath，IW）模式，研究区内影像的方位分辨率为13.912 m，距离分辨率为2.33 m。选择研究区2018年1月1日至2022年12月31日时段的Sentinel-1A数据。

2）遥感解译流程

遥感解译流程为：建立遥感解译标志—室内解译—野外调查和验证—编制解译成果图件（图3-1）。

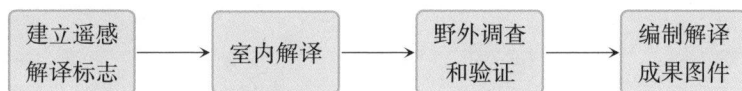

```
┌──────────┐    ┌──────────┐    ┌──────────┐    ┌──────────┐
│ 建立遥感 │ →  │ 室内解译 │ →  │ 野外调查 │ →  │ 编制解译 │
│ 解译标志 │    │          │    │ 和验证   │    │ 成果图件 │
└──────────┘    └──────────┘    └──────────┘    └──────────┘
```

图3-1 遥感解译流程图

①建立遥感解译标志：

在充分收集和熟悉工作区地质资料的基础上，通过野外实地踏勘，根据地物波谱特征和空间特征，分别建立相应的地貌类型、地质构造、岩（土）体类型、水文地质现象和森林植被类型等区域环境地质条件因子以及各类地质灾害的遥感解译标志（如色调和色彩、几何形状、大小、阴影、地貌形态、水系、影纹图案及组合特征等）。下面以露天采场（图3-2）为例，建立其遥感解译标志。

露天采矿是一种常见的矿山开采方式，它涉及大规模的土地开挖和挖掘，导致大片地表植被被清除，土地失去覆盖和保护。这使得原本生态完整的土地遭受严重破坏，破坏了植物和动物的栖息地，破坏了生态平衡。其主要标志有：

a.裸露的土地表面：在遥感图像中，露天采场通常表现为没有植被覆盖的大片土地，呈现出光秃的土壤表面。

b.形状不规则：由于采矿活动的需要，露天采场的形状通常是不规则的，可能有尖锐的边缘或不规则的轮廓线。

c.土壤颜色有差异：露天采场中的土壤颜色与周围环境通常有明显的差异，可以在遥感图像中看到颜色的变化。

d.存在挖掘和运输设备：在露天采场附近可能会看到挖掘和运输设备，如挖掘机、卡车等，这些设备在遥感图像中呈现出明显的几何形状或者人工构造物的特征。

图3-2　解译露天采场

②室内解译：

室内解译应以遥感影像为依据。室内解译采用以目视解译为主、以人机交互式解译为辅、初步解译与详细解译相结合、室内解译与野外调查和验证相结合的工作方法。解译时应采用从已知到未知、从区域到局部、从总体到个别、从定性到定量、先易后难、循序渐进、不断反馈和逐步深化的方法进行工作。

一般可按水系、地貌、地质构造、地层岩性、水文地质现象、外动力地质现象、人类工程经济活动、环境地质问题与地质灾害等次序进行，室内解译分3个阶段：

a.初步解译阶段：主要任务是熟悉调查区的地貌和地质情况，建立区内主要地质体和地质现象的室内初步解译标志，编制初步解译草图。

b.详细解译阶段：应在野外踏勘后进行，主要任务是建立和完善不同解译目标的详细解译标志，按调查任务要求进行解译并编制详细成果图件，指导地面测绘。

c.综合性解译阶段：应在野外调查和验证工作基本完成后进行，主要任务是结合野外调查资料和图像处理成果，对遥感图像进行综合解译分析，编制综合解译成果图件。

③野外调查和验证：

在室内解译的基础上，通过对初步解译资料进行野外调查和验证，来补充和修正初步解译成果，最终形成遥感解译成果图，以此确保遥感解译成果的质量和置信度。

④编制解译成果图件：

在室内解译的基础上，通过野外调查和验证补充和修改后，采用ArcGIS和ENVI软件，将解译成果草图分图层进行数字化成图，提交最终的遥感解译成果系列图。

（3）野外调查

野外调查采取室内准备、现场调查、整理检查的工作模式。调查前一天确定调查任务，设计调查路线，提前了解每个矿山的基本信息，并根据遥感影像分析矿山内可能存在的生态环境问题，对于面积较大的矿山应明确重点调查区域。调查时以小组为单位分工协作，专人负责系统填报、手机拍照、无人机摄影、数据测量、手图勾绘等工作，核实矿山基本信息是否准确，补充现场调查数据，重点调查矿山内地质安全隐患、地形地貌破坏、土地资源损毁和土壤破坏情况，完成矿山基本情况表、生态破坏基本状况调查表的填报，并对矿山内的其他情况做简要说明。现场调查完成后，对调查成果进行整理，小组成员相互检查调查结果的可靠性，形成完整的野外调查成果资料。野外调查设备包括无人机、手持GPS、测距仪、掌上机等。

（4）走访调研

虽然在野外调查之前就已收集了相关资料，对调查区域内矿山的基本情况进行了大致了解，但资料的准确度及完整度还不够，必须在现场进行核实和完善。有些信息难以确定，需通过询问当地居民进行了解，如矿山具体地理位置、矿山的开采历史、已治理矿山的矿种等。在面积较大、植被覆盖度较高的矿山中，对地质灾害的调查往往费时费力，而当地居民对灾害点的具体位置更加了解，故多沟通、多走访是一种提高调查效率的好方法。

3.2.2 技术路线

本次调查工作基本按照资料收集、遥感解译、野外调查的步骤进行。通过资料收集，可以对调查区域的基本情况进行了解，所以资料收集是遥感解译和野外调查的基础。遥感解译是野外调查的航标，使得野外调查能够抓住重点、有的放矢。野外调查是调查工作的主体，是对收集的资料和遥感解译结果的验证，是取得野外第一手资料的重要途径。图3-3为本次调查工作的技术路线。

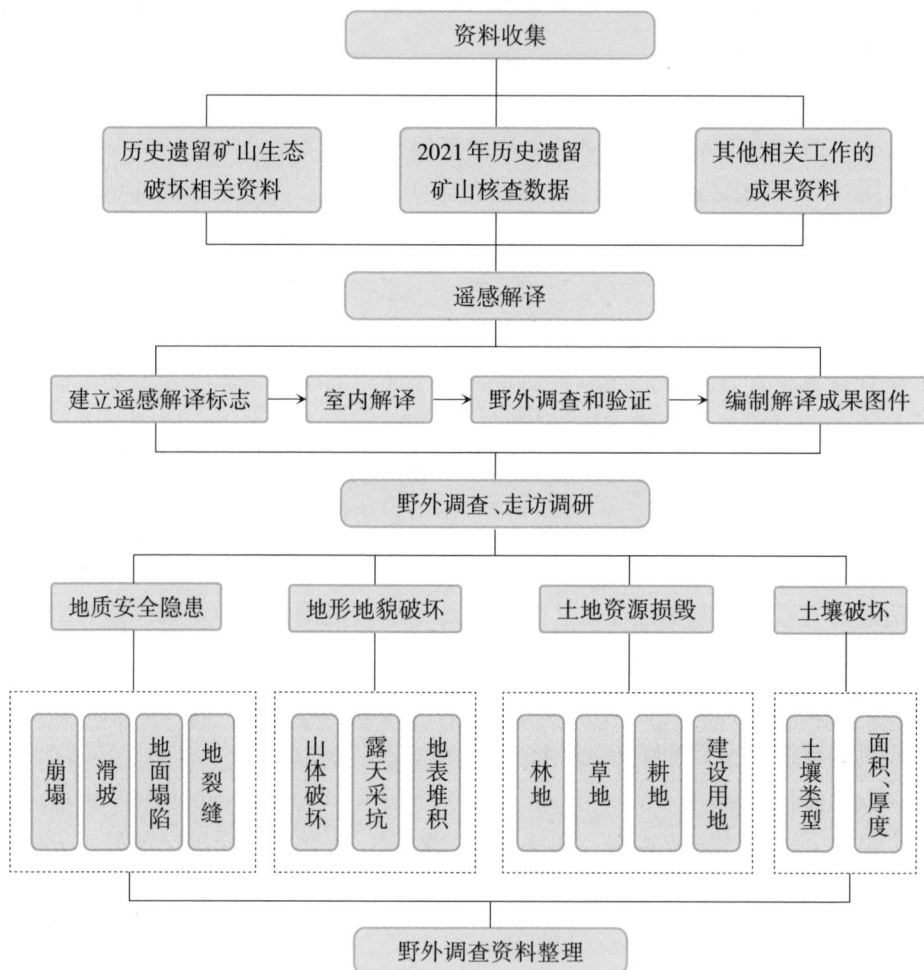

图3-3　技术路线图

3.3 甘肃省黄河流域历史遗留矿山生态破坏现状

3.3.1 地质安全隐患

调查区域内地质安全隐患类型主要包括崩塌、滑坡、地面塌陷与地裂缝，共有99处地质灾害，其中，崩塌63处，滑坡24处，地面塌陷与地裂缝12处，地质灾害类型以崩塌为主。超过90%的地质灾害规模为小型，无大型地质灾害。

地质灾害分布在白银区、崇信县、皋兰县、古浪县、合作市、红古区、华亭市、景泰县、静宁县、崆峒区、临潭县、陇西县、岷县、七里河区、永登县、榆中县、张家川县、卓尼县、平川区、会宁县、夏河县等21个县（市、区），其中，地质灾害数量最多的为崆峒区，其次为白银区、永登县，合作市、红古区、张家川县、卓尼县数量最少，详见表3-2。

表3-2 地质灾害数量及其分布

县（市、区）	白银区	崇信县	皋兰县	古浪县	合作市	红古区	华亭市
地质灾害数量（个）	12	4	4	5	1	1	8
县（市、区）	景泰县	静宁县	崆峒区	临潭县	陇西县	岷县	七里河区
地质灾害数量（个）	2	8	18	3	2	5	2
县（市、区）	永登县	榆中县	张家川县	卓尼县	平川区	会宁县	夏河县
地质灾害数量（个）	11	4	1	1	2	2	3

崩塌及其隐患点主要分布在崆峒区、白银区、永登县，63处崩塌中有4处规模为中型，其余59处为小型，有29处存在威胁对象，威胁对象主要为公路、农田、河流；滑坡及其隐患点主要分布在崆峒区、岷县，24处滑坡中有4处规模为中型，其余20处为小型，有19处存在威胁对象，威胁对象主要为公路、农田、河流、居民点；地面塌陷及其隐患点主要分布在华亭市、白银区。灾害点在各市（州）的分布情况见图3-4，由图3-4可看出，地质灾害在平凉市、兰州市分布较多，在定西市、天水市、武威市分布较少。

从以上数据可以得出，调查区域地质灾害数量较少，3 463个矿山（图斑）

中发育地质灾害99处，类型以崩塌居多，绝大多数灾害点的规模为小型。崆峒区、白银区、永登县的地质灾害数量相对较多。崩塌、滑坡多发生于因露天开采形成的高陡的岩壁、不稳定的坡体中，地面塌陷常见于因井工开采形成的采空区。一半左右的灾害点存在威胁对象，威胁对象通常为公路、农田、河流、居民点。

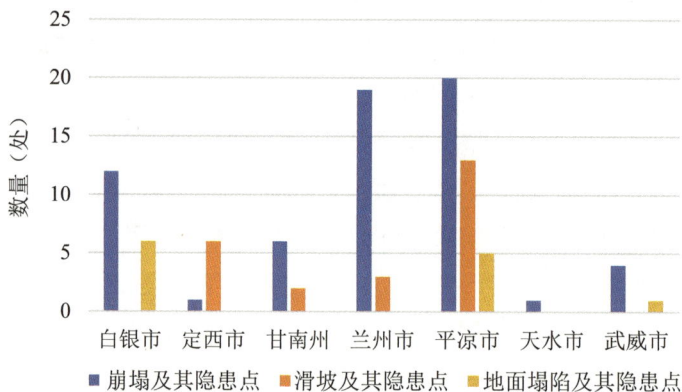

图3-4 灾害点在各市（州）的分布情况

3.3.2 地形地貌破坏

采矿或探矿对地形地貌的破坏具体体现在山体破坏、地表堆积、露天采坑等方面。存在地形地貌破坏的矿山（图斑）有近2 000处，有些矿山（图斑）破坏类型为单一形式，即只有一种破坏方式，有些矿山（图斑）破坏类型为复合形式，即存在两种及以上的破坏方式。经调查，单一破坏类型的矿山（图斑）数量近乎为复合破坏类型的矿山（图斑）数量的两倍，单一破坏类型中以山体破坏为主，复合破坏类型中"山体破坏+地表堆积"占比最大，各破坏占比见表3-3。

表3-3 矿山（图斑）地形地貌破坏方式统计表

序号	地形地貌破坏方式	数量（个）	占比（%）
1	山体破坏	830	41.62
2	地表堆积	223	11.18
3	露天采坑	284	14.24
4	山体破坏+地表堆积	474	23.77

序号	地形地貌破坏方式	数量(个)	占比(%)
5	山体破坏+露天采坑	54	2.71
6	地表堆积+露天采坑	75	3.76
7	山体破坏+地表堆积+露天采坑	54	2.71
8	合计	1 994	100

存在山体破坏的矿山（图斑）共 1 412 个，破坏总面积 1 959.093 1 hm²，山体破坏最大高度 246 m。破坏面积小于 0.5 hm² 的矿山（图斑）有 669 个，介于 0.5～1 hm² 之间的矿山（图斑）有 245 个，大于 1 hm² 的矿山（图斑）有 498 个，各区间的破坏面积见表 3-4。破坏高度小于 20 m 的矿山（图斑）有 902 个，介于 20～50 m 之间的矿山（图斑）有 354 个，大于 50 m 的矿山（图斑）有 156 个，各区间的平均破坏高度见表 3-5。

山体破坏面积大于 1 hm² 的矿山（图斑）数量较多，破坏高度大于 50 m 的矿山（图斑）数量较少。

表 3-4　矿山(图斑)山体破坏面积统计表

山体破坏面积区段	合计面积(hm²)	数量(个)
<0.5 hm²	133.013 5	669
0.5～1 hm²	175.431 7	245
>1 hm²	1 650.647 9	498
总计	1 959.093 1	1 412

表 3-5　矿山(图斑)山体破坏高度统计表

山体破坏高度区段	平均破坏高度(m)	数量(个)
<20 m	6.01	902
20～50 m	32.03	354
>50 m	84.00	156
总计	—	1 412

存在地表堆积的矿山（图斑）共 826 个，总堆积面积 930.668 7 hm²，地表堆

积最大高度86.2 m。堆积面积小于0.5 hm²的矿山（图斑）有499个，介于0.5～2 hm²之间的矿山（图斑）有232个，大于2 hm²的矿山（图斑）有95个，各区间的堆积面积见表3-6。地表堆积高度小于10 m的矿山（图斑）有583个，介于10～20 m之间的矿山（图斑）有170个，大于20 m的矿山（图斑）有73个，各区间的平均堆积高度见表3-7。

地表堆积面积大于2 hm²的矿山（图斑）数量较少，堆积高度大于20 m的矿山（图斑）数量也较少。

表3-6　矿山（图斑）地表堆积面积统计表

堆积面积区段	合计面积(hm²)	数量(个)
<0.5 hm²	91.987 8	499
0.5～2 hm²	228.694 8	232
>2 hm²	609.986 1	95
总计	930.668 7	826

表3-7　矿山（图斑）地表堆积高度统计表

堆积高度区段	平均堆积高度(m)	数量(个)
<10 m	4.32	583
10～20 m	13.82	170
>20 m	34.69	73
总计	—	826

存在露天采坑的矿山（图斑）共467个，采坑总面积700.120 4 hm²，露天采坑最大深度62 m。采坑面积小于0.5 hm²的矿山（图斑）有210个，介于0.5～2 hm²之间的矿山（图斑）有168个，大于2 hm²的矿山（图斑）有89个。采坑面积大小不一，各个区间均有分布，各区间的采坑面积总和见表3-8。采坑深度小于20 m的矿山（图斑）有427个，介于20～50 m之间的矿山（图斑）有38个，大于50 m的矿山（图斑）有2个，各区间的平均深度见表3-9。

采坑面积大于2 hm²的矿山（图斑）数量较少，采坑深度大于50 m的矿山（图斑）数量极少。

表3-8 矿山（图斑）露天采坑面积统计表

采坑面积区段	合计面积(hm²)	数量(个)
<0.5 hm²	41.873 5	210
0.5～2 hm²	172.438 2	168
>2 hm²	485.808 7	89
总计	700.120 4	467

表3-9 矿山（图斑）露天采坑深度统计表

采坑深度区段	平均深度(m)	数量(个)
<20 m	7.06	427
20～50 m	28.00	38
>50 m	58.00	2
总计	—	467

3.3.3 土地资源损毁

土地资源损毁方式有形成露天采场、废石（渣、土）堆场、工业广场，挖损边坡，地质灾害损毁和其他压占。其中，地质灾害损毁包括地面塌陷、地裂缝、崩塌和滑坡。调查区域内各种土地资源损毁类型的面积及其在各市（州）的分布情况见表3-10、图3-5。

表3-10 各市（州）土地资源损毁统计表

市(州)	矿山(图斑)数量(个)	露天采场(hm²)	挖损边坡(hm²)	工业广场(hm²)	废石堆场(hm²)	地质灾害损毁(hm²)	其他压占(hm²)	面积合计(hm²)
白银市	530	496.860 3	19.950 5	118.403 5	541.376 5	1.612 6	6.320 6	1 184.524 0
定西市	279	351.330 0	6.802 0	44.471 9	178.637 6	3.208 2	17.291 6	601.741 3
甘南州	65	7.137 3	13.811 9	5.425 1	14.704 3	0.731 5	3.146 1	44.956 2
兰州市	695	644.729 9	12.108 1	212.505 8	142.756 6	4.648 0	55.591 5	1 072.339 9

续表3-10

市(州)	矿山(图斑)数量(个)	露天采场(hm²)	挖损边坡(hm²)	工业广场(hm²)	废石堆场(hm²)	地质灾害损毁(hm²)	其他压占(hm²)	面积合计(hm²)
临夏州	6	8.398 8	0.665 0	0	1.213 5	0	0.274 0	10.551 3
平凉市	197	24.839 9	45.173 5	10.550 1	7.771 6	32.228 5	247.565 0	368.128 6
庆阳市	23	10.368 0	2.016 8	0.536 2	0	0	0	12.921 0
天水市	34	38.995 4	0.442 4	4.570 9	1.865 3	0.087 2	0.294 1	46.255 3
武威市	165	163.927 2	2.525 0	39.549 4	41.476 9	0.261 9	0.724 2	248.464 6
总计	1 994	1 746.586 8	103.495 2	436.012 9	929.802 3	42.777 9	331.207 1	3 589.882 2

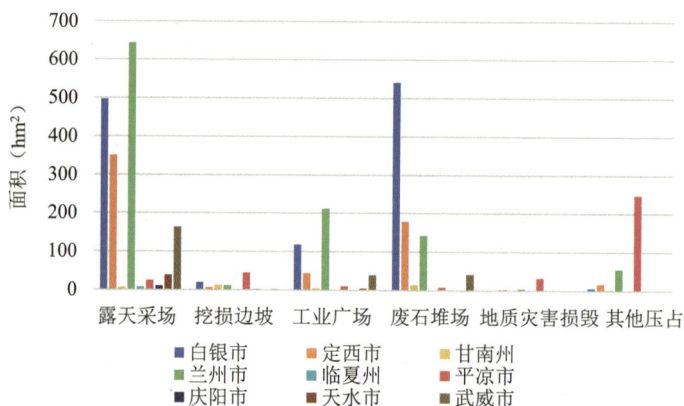

图3-5　各市(州)土地资源损毁统计柱状图

由以上图表中可以看出，在9个市（州）中，兰州市和白银市土地资源损毁面积相对较大，涉及的矿山（图斑）数量也较多，损毁程度较为严重；临夏州和庆阳市土地资源损毁面积相对较小，涉及的矿山（图斑）数量较少，损毁程度较轻。

从损毁类型来看，露天采场的面积最大，是土地资源最主要的损毁类型。露天采场在9个市（州）中均有分布，其中，兰州市面积最大，白银市、定西市次之，甘南州面积最小。废石堆场的面积位于第二，约为露天采场的一半，其中，白银市面积最大，临夏州面积最小，庆阳市中无分布。工业广场和其他压占的损毁面积较为接近，前者损毁面积略大，约为废石堆场面积的一半。地质灾害损毁的面积最小，临夏州和庆阳市无地质灾害损毁面积，平凉市地质灾害损毁面积最大。

　　矿山（图斑）地类现状有耕地、园地、林地、草地、建设用地和其他地类。其中，草地和建设用地最多，草地面积达到了2 641.316 2 hm²，占地类总面积的31.2%，建设用地面积达到了2 547.727 6 hm²，占地类总面积的30.1%；园地最少，面积只有11.307 3 hm²，占地类总面积的0.13%；耕地、林地和其他地类面积分别为964.034 3 hm²、1 019.493 hm²、1 274.100 3 hm²（表3-11）。

表3-11 矿山（图斑）地类现状面积统计表   单位：hm²

市（州）	耕地面积	园地面积	林地面积	草地面积	建设用地面积	其他地类面积
兰州市	186.611 8	1.994 5	44.422 0	528.780 2	1 096.952 6	225.279 4
白银市	174.635 1	2.594 8	7.019 5	903.671 9	397.994 5	598.886 5
定西市	212.326 6	0	85.161 1	418.633 1	432.191 8	161.402 6
甘南州	19.847 4	0	53.387 0	99.128 3	82.074 8	25.395 3
临夏州	0.210 5	2.763 0	0.100 4	100.290 3	7.093 6	32.998 1
平凉市	278.566 0	3.128 9	784.466 1	180.443 4	193.471 5	92.038 2
庆阳市	11.930 5	0.281 2	8.384 6	46.478 0	83.925 0	4.326 3
天水市	3.019 3	0.139 8	11.227 2	9.735 9	35.580 9	8.217 3
武威市	76.887 1	0.405 1	25.325 1	354.155 1	218.442 9	125.556 6
总计	964.034 3	11.307 3	1 019.493 0	2 641.316 2	2 547.727 6	1 274.100 3

3.3.4 土壤破坏

　　地表被开挖后，原始表层土壤被破坏，导致深处地层出露于地表，形成新的表层土壤。在初始壤质层较薄的地方，土壤被破坏后会有大面积基岩出露，此时表层土壤质地变为砾质或更粗，而在壤质层较厚的地方，被开挖后表层土壤质地依然为壤质。经统计，区域内表层土壤共有4类，按照面积由大到小排序依次为壤质、砂质、砾质或更粗、黏质，具体面积及占比见表3-12。壤质平均土壤厚度最大，黏质平均土壤厚度最小。

表3-12　矿山(图斑)表层土壤质地统计表

表层土壤质地	合计面积(hm²)	面积占比(%)	平均土壤厚度(m)	涉及矿山(图斑)(个)
壤质	4 621.967 5	54.65	0.28	1 633
黏质	469.420 3	5.55	0.16	130
砂质	2 529.407 2	29.91	0.19	850
砾质或更粗	837.183 7	9.90	0.18	449
总计	8 457.978 7	100.00	—	—

第4章 矿山植被破坏和恢复潜力调查

历史遗留矿山开采造成矿山废弃场地表层的剥离，原生植被遭受破坏，形成大面积的基岩裸露，水土流失现象严重，生物多样性遭到严重破坏。因此，有必要进行矿山植被破坏和恢复潜力调查。该调查成果能为矿山植被破坏和恢复潜力评价提供数据依据，也能为矿山生态修复中植被的重建、修复措施的制定、植被种类的筛选和配置提供科学理论依据。

目前还没有专门针对历史遗留矿山植被破坏和恢复潜力调查的规范，本章主要依据相关的矿山植被调查规范，参考黄河流域历史遗留矿山生态破坏与污染状况调查评价方案，进行调查方法研究。主要依据的技术规程和文件为：LY/T 2356—2014《矿山废弃地植被恢复技术规程》、STBG 02—2013《矿山生态修复的调查》、DB13/T 1246—2010《主要矿山废弃地植被恢复技术规范》等。

4.1 调查要素

历史遗留矿山植被破坏调查中，调查的植被范畴为林地、草地和湿地。

历史遗留矿山植被破坏和恢复潜力调查的主要调查要素为历史遗留矿山占用前矿山内的林地、草地、湿地的地类和质量，矿山植被恢复现状，矿山植被恢复潜力。

4.1.1 占用前林地、草地、湿地的地类和质量

通过收集不同年度的森林资源管理"一张图"、国家级公益林管理资料、草地和湿地管理资料等，以及对历年遥感影像资料进行解译，查明矿山占用前林地、草地、湿地的地类和质量。调查历史遗留矿山内的林地、草地、湿地在不同区间

郁闭度、覆盖度的面积，自然保护地的面积，林地保护等级及面积等信息。

4.1.2　植被恢复现状

根据林草资源监测、国土调查、湿地监测等成果资料，同时结合矿山植被实地调查结果，查明矿山现有林地、草地、湿地的面积和质量等。调查矿山内已恢复林地、草地在各区间郁闭度、覆盖度的面积，矿山未恢复区域中只适宜恢复为林地、草地、湿地以外的其他土地的面积，矿山未恢复区域中不具备恢复条件的面积，矿山未恢复区域中可恢复为林地、草地、湿地的面积，矿山内不同植被恢复措施对应的面积等内容。

4.1.3　植被恢复潜力

对矿山植被已恢复部分，根据地类的不同在表格中填写相应的恢复类型。对矿山植被未恢复部分，应调查植被恢复潜力。根据调查矿山所处区域的环境气候、水文、土壤、地形地貌、已采取的矿山修复措施等内容，对可以恢复为林地、草地、湿地的区域，评估植被恢复潜力。

"相似生境"，意即相似的自然生境。自然生境越相似，植被最终恢复形成的景观越雷同，其植被覆盖状况越接近。如果当下某类生境区（土壤、干旱指数及地形条件相同）的植被覆盖度存在最大值，则有理由认为，该最大值即为这一地区植被恢复能达到的最大覆盖度。如果此类生境内的植被覆盖率与该最大值存在差异，则意味着此类生境内未来植被覆盖率存在增长潜力。对历史遗留矿山内可恢复为林地、草地、湿地的区域，也应该根据"相似生境"选择种植相应的植被物种。

4.2　调查方法与技术路线

4.2.1　调查方法

目前，关于矿山植被破坏和恢复潜力调查的方法主要有实地踏查法、走访调查法、资料分析法、卫星影像调查法、遥感综合调查法等。其中，实地踏查法、遥感综合调查法为主流调查方法。本书采用实地踏查+走访调查+资料分析+

遥感综合调查的方法对历史遗留矿山植被破坏和恢复潜力进行调查。

（1）工作程序

历史遗留矿山植被破坏和恢复潜力调查评价工作的工作程序为：组织调查人员，资料收集，内业区划，实施调查，整理、分析并提交调查成果（图4-1）。调查人员专业技术水平的高低决定着整个调查工作的研究深度；资料收集得越详细，越有利于进行资料综合分析；进行内业区划明确了下步实施调查的目的和任务；实施调查是指对矿山植被信息进行核实与完善；最后，整理、分析调查数据，并提交最终调查成果。

图4-1　工作程序图

（2）调查方法

1）组织调查人员

组建项目组，根据调查目标、任务工作量，对项目组人员进行分工，明确调查任务和相关责任。将项目组分为软件制作小组、外业调查小组、质量检查小组和综合研究小组，共4个工作小组（图4-2）。

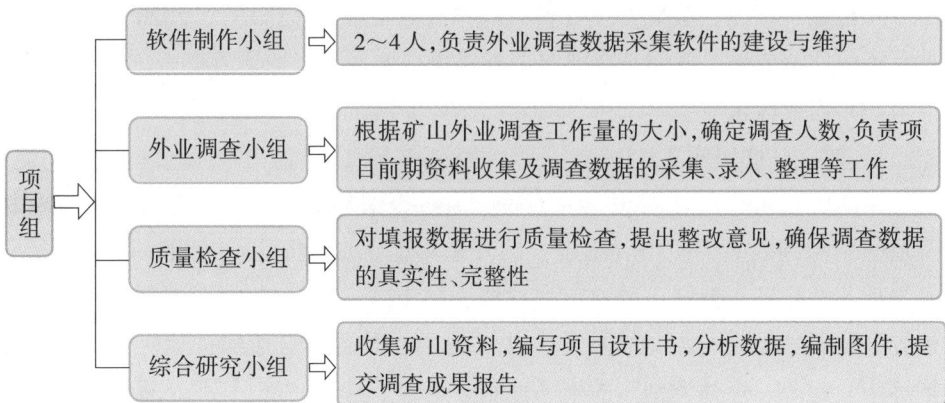

图4-2　项目组分工图

2）资料收集

资料收集包括：收集工作资料，区域资料，矿山资料，林地、草地、湿地管理资料（图4-3）。

工作资料 ①
矿山调查图斑，2021年度国土变更调整资料，森林、草原、湿地调查监测资料；

区域资料 ②
矿山的遥感、气象、水文、地质、植被、人类工程活动等基础信息资料；

资料收集

矿山资料 ③
矿山勘查资料、地质环境保护和治理恢复方案、土地复垦方案、水土保持方案等；

林地、草地、湿地管理资料 ④
森林资源管理"一张图"、2020年黄河流域林草资源监测成果、草原基本状况调查成果、湿地重点监测等调查成果。

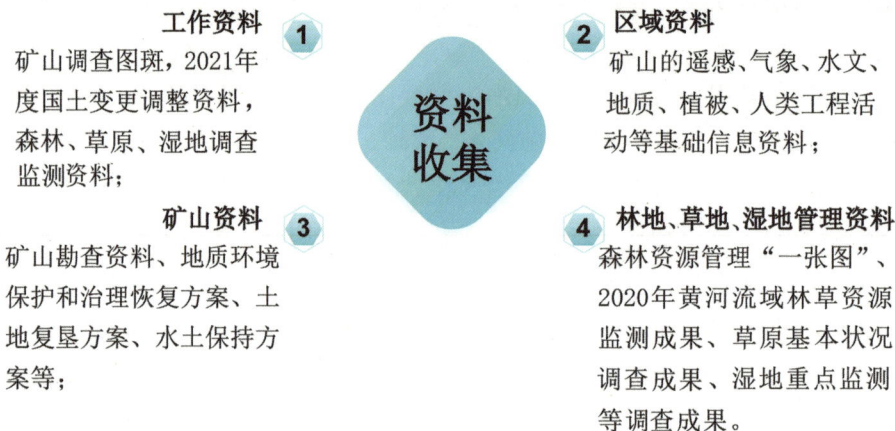

图4-3 资料收集分类图

①工作资料：矿山调查图斑，2021年度国土变更调整资料，森林、草原、湿地调查监测资料。

②区域资料：矿山的遥感、气象、水文、地质、植被、人类工程活动等基础信息资料。

③矿山资料：矿山勘查资料、地质环境保护和治理恢复方案、土地复垦方案、水土保持方案等。

④林地、草地、湿地管理资料：森林资源管理"一张图"、2020年黄河流域林草资源监测成果、草原基本状况调查成果、湿地重点监测等调查成果。

（3）内业区化

1）建立"底层库"

以历史遗留矿山（图斑）为本底，通过查阅林地、草地、湿地的历年资料及遥感影像判断每个矿山（图斑）的开采年度，参考开采年度前一年的森林资源管理"一张图"数据、林地审批材料、国土"二调""三调"数据、自然保护地界线资料、草地与湿地资料等，按"地类、是否为自然保护地、郁闭度、保护等级、起源、森林类别"的唯一性划分细斑，建立"底层库"，重点查明单矿山（图斑）占用前林地、草地、湿地的地类和质量。根据收集的资料，填写植被破坏和恢复潜力调查表中占用前的矿山（图斑）植被信息。

2）建立"现状库"

以历史遗留矿山（图斑）为本底，根据现地植被恢复情况，对矿山（图斑）

划分细斑，建立"现状库"，并填写植被破坏和恢复潜力调查表中植被现状信息。首先，对矿山（图斑）按已恢复和未恢复进行区划，对已恢复部分，根据调查的不同地类和不同郁闭度进行细化，在表中填写相应的已恢复类型；对未恢复部分，参照国土"二调"或"三调"数据，将地类为耕地或基本农田的区域单独区划，归为"只适宜恢复为林地、草地、湿地以外的其他土地"，根据地形地貌，将矿山的陡崖部分区划出来，归为"不具备恢复条件"，剩余部分归为"具备恢复条件"。其次，对"具备恢复条件"的区域继续划分适宜恢复类型和适宜恢复措施，适宜恢复类型参考占用前森林资源数据的地类，尽可能按占用前地类划分适宜恢复类型；适宜恢复措施根据地形地貌特征，按地形地貌条件由坏到好，依次归为工程措施、人工造林种草、人工促进、自然封育4个类型。

（4）实施调查

根据历史遗留矿山情况，查明单矿山（图斑）目前已恢复为林地、草地、湿地的面积和质量等。基于土壤、降水等条件，查明尚未恢复的单矿山（图斑）的植被恢复潜力，对能够恢复为林地、草地、湿地的，分类评估恢复措施类型，完成植被破坏和恢复潜力调查表中不同恢复措施面积信息的填报；对"底层库""现状库"中属性与现地调查不符的，进行修正完善。同时，采集矿山现地植被工程照片，从全景和局部两种不同视角拍摄矿山照片。

本书对历史遗留矿山植被破坏和恢复潜力实施调查时，主要用了三种方式：地面调查、遥感调查和走访调查（图4-4）。

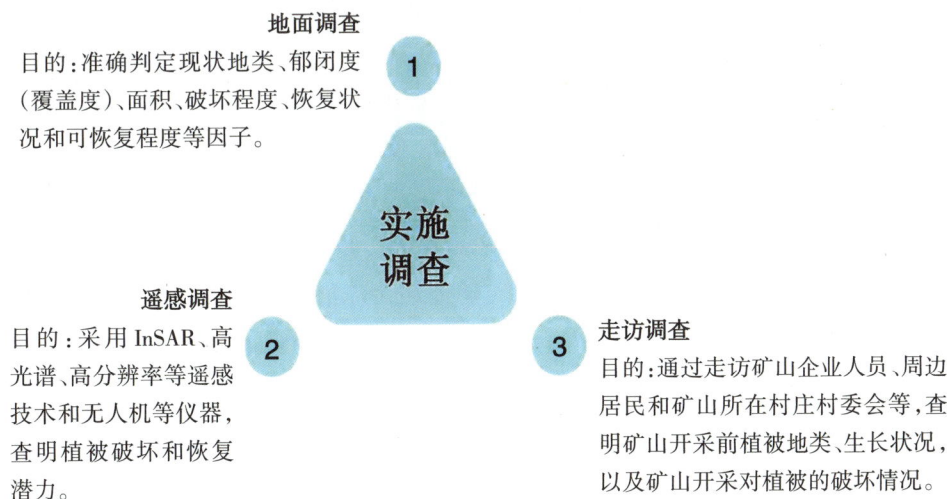

地面调查
1
目的：准确判定现状地类、郁闭度（覆盖度）、面积、破坏程度、恢复状况和可恢复程度等因子。

实施调查

遥感调查
2
目的：采用InSAR、高光谱、高分辨率等遥感技术和无人机等仪器，查明植被破坏和恢复潜力。

走访调查
3
目的：通过走访矿山企业人员、周边居民和矿山所在村庄村委会等，查明矿山开采前植被地类、生长状况，以及矿山开采对植被的破坏情况。

图4-4　调查方式图

1）地面调查

当通过收集矿山林地、草地、湿地资源及卫星遥感影像资料，并使用遥感解译手段不能准确地判定图斑现状地类、郁闭度（覆盖度）、面积、破坏程度、恢复状况和可恢复程度等因子时，应该到矿山现地进行调查核实。现地植被调查的方法有全查法、样线（带）法和样方法。

①全查法：在物种稀少、分布面积小且植被物种数量相对较少的区域，调查者对调查区内物种的全部个体进行统计，测量其分布面积，查明植被资源量的客观情况。

②样线（带）法：在物种不太丰富、分布相对分散且植被物种数量比较多的区域，调查者根据设定的路线，对路线左右一定范围内的物种进行调查。其中，调查路线的宽度根据植被生长的实际情况确定。

③样方法：在物种丰富、分布相对集中且面积较大的区域，调查者在调查区内设立一定数量的样方，并对样方内的物种进行全面调查。历史遗留矿山的植被调查一般采用全查法。

矿山植被实地调查使用的主要仪器和工具有皮尺、GPS、地质罗盘、无人机、标本夹、记录本和调查表等。矿山植被实地调查的主要内容有矿山经纬度（位置）、地形地貌、植被种类及分布面积、土壤、岩石、构造、植被郁闭度、植被覆盖度等。

郁闭度指单位面积上林冠覆盖面积与林地总面积之比，通常指森林中乔木树冠遮蔽地面的程度，它是反映林分密度的指标。以十分数（0.1～1）表示，郁闭度在0.7（含0.7）以上为密林，郁闭度在0.2～0.7之间为中度郁闭林，郁闭度在0.2（不含0.2）以下为疏林。调查中，机械设置100个样点，通过在各个样点处抬头垂直昂视，统计被树冠覆盖的样点数，使用以下公式计算郁闭度：

$$郁闭度 = \frac{被树冠覆盖的样点数}{样点总数（100个）} \tag{4-1}$$

覆盖度指植物体地上部分的垂直投影面积占样地面积的百分率，又称投影盖度。它反映了植物在地面上的生存空间，也反映了植物利用环境及影响环境的程度。常用的植被覆盖度调查方法有目测估算法、植被指数法、仪器监测法。对大面积样地采用遥感手段（植被指数法）进行测定，对小面积样地采用盖度框法（仪器监测法）进行测定。

在调查表格（植被破坏和恢复潜力调查表）中，需填报矿山名称，占用的林地、草地、湿地面积，各地类中自然保护地面积，各类林地各区段郁闭度占有面积，草地各区段覆盖度占有面积，现状矿山已恢复的林地、草地在各区段郁闭度占有面积，未恢复区域中不具备恢复条件的矿山区域面积，未恢复区域中只适宜恢复为林地、草地、湿地以外的其他土地的面积，未恢复区域中具备恢复条件且适宜恢复类型为林地、草地、湿地的地类面积，未恢复区域中具备恢复条件且按适宜恢复措施分类的各类区域面积等。

2）遥感调查

采用 InSAR、高光谱、高分辨率等遥感技术和无人机等仪器对历史遗留矿山植被破坏和恢复潜力进行调查。遥感解译一般以人机交互解译为主，解译可采用直判法、对比法、动态比拟法、逻辑推理法和综合景观分析法等多种方法。遥感数据源尽可能选用最新、分辨率较高的遥感影像。另外，遥感数据最好选择植被茂盛时节的数据，以方便解译地类和圈定植被破坏的范围。调查内容包括植被郁闭度、覆盖率、类型、分布范围及面积等。同时，要结合实地调查进行遥感图像的分类和精准识别。

靳峰、戈文艳、秦伟等人在《甘肃省植被时空变化及其未来发展潜力》一文中，基于甘肃全省 2000—2020 年生长季 MODIS EVI 数据及 2020 年土地利用/覆被数据，采用线性回归方程及基于滑动窗口的相似栖息地潜力模型，分析了全省植被覆盖的时空变化特征及未来植被恢复潜力。

吴凤敏基于 Landsat8 与高分数据的矿山植被动态监测，利用 Landsat8 数据对 2012—2021 年露天矿山植被指数变化进行分析，利用高分数据对 2017—2021 年短时间序列变化进行分析，并对使用这两种遥感数据计算出的植被指数进行关联研究，为露天矿山植被监测提供了技术支撑。

可见，遥感技术已经普遍用于矿山植被调查。

3）走访调查

通过走访矿山企业人员、相邻矿山企业人员、周边居民和矿山所在村庄村委会等，查明矿山开采前植被地类、生长状况，以及矿山开采对植被的破坏、使用的植被恢复治理措施等情况。

（5）整理、分析并提交调查成果

外业调查完成后，及时进行资料整理、调查数据分析、综合研究、相关图件的编制，并提交调查成果报告。

4.2.2　技术路线

　　调查工作通过收集历史遗留矿山基础资料、植被破坏相关资料，并结合前期历史遗留矿山核查成果，确定了该项目的调查评价对象。再对调查矿山（图斑）开展内业遥感影像解译，并通过现地调查修正完善了"底层库"和"现状库"，完成了矿山植被破坏和恢复潜力评价数据的准备，同时对调查数据进行了质量检查，确保了数据的准确性和完整性。根据调查数据建立数据库，为占地规模、占地级别、起源与类别、恢复状况这4个评价指标赋值，并为进行单矿山（图斑）评价和分区综合评价提供数据依据。技术路线见图4-5。

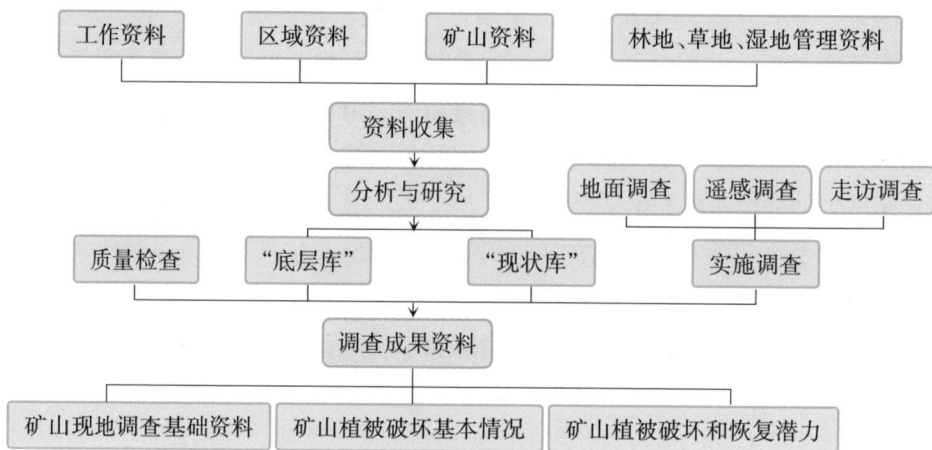

图4-5　历史遗留矿山植被破坏和恢复潜力调查技术路线图

4.3　甘肃省黄河流域历史遗留矿山植被破坏现状

　　根据上述介绍的历史遗留矿山植被破坏和恢复潜力调查方法，得出甘肃省黄河流域历史遗留矿山植被破坏现状如下：

4.3.1　矿山植被破坏类型

（1）矿山（图斑）开采占用林地情况

　　矿山（图斑）开采前林地面积为 $1\,563.14\,hm^2$，主要分布在平凉市（ $830.06\,hm^2$ ）、兰州市（269.31 hm²），两市林地面积之和占总林地面积的70.33%。

占用林地面积中，乔木林地面积为641.38 hm²（郁闭度≥0.4的面积占比39.26%，郁闭度<0.4的面积占比60.74%），灌木林地面积为526.38 hm²（覆盖度≥60%的面积占比21.03%，覆盖度<60%的面积占比78.97%），其他林地面积为395.37 hm²。

起源为天然、人工、无起源面积分别为690.90 hm²、765.58 hm²、106.66 hm²。林地保护等级Ⅰ级、Ⅱ级、Ⅲ级、Ⅳ级面积分别为9.92 hm²、1 007.68 hm²、517.91 hm²、27.64 hm²。国家级公益林地、地方公益林地、商品林地面积分别为1 017.59 hm²、517.91 hm²、27.64 hm²。

（2）矿山（图斑）开采占用草地情况

矿山（图斑）开采前草地面积为3 259.49 hm²（覆盖度≥60%、介于20%～60%之间、<20%的面积占比分别为14.37%、85.27%、0.35%），主要分布在白银市（1 169.90 hm²）、兰州市（763.19 hm²）和武威市（663.21 hm²），三市草地面积之和占总草地面积的79.65%。

（3）矿山（图斑）开采占用湿地情况

矿山（图斑）开采前湿地面积为319.56 hm²，主要分布在定西市（142.44 hm²），湿地面积占总湿地面积的44.57%，平凉市、武威市、甘南州、兰州市湿地面积分别为56.7 hm²、47.9 hm²、36.3 hm²、36.22 hm²。

（4）矿山（图斑）开采占用自然保护地情况

矿山（图斑）开采占用的自然保护地面积为247.66 hm²（林地内88.64 hm²，草地内146.80 hm²，湿地内12.22 hm²）。其中，全省自然保护区面积为175.42 hm²，武威市为139.90 hm²，占比79.75%，定西市、临夏州、甘南州分别为20.70 hm²、8.68 hm²、6.14 hm²；其他自然保护地面积为72.23 hm²，甘南州、平凉市分别为50.85 hm²、16.28 hm²，两市占比92.94%，天水市、白银市、庆阳市分别为3.33 hm²、1.07 hm²、0.7 hm²。

历史遗留矿山（图斑）开采前各地类面积统计见表4-1。

表4-1　历史遗留矿山（图斑）开采前各地类面积统计表

项目	合计	林地小计	乔木林地	灌木林地	其他林地	草地	湿地	非林地、草地、湿地
面积(hm²)	10 615.30	1 563.14	641.38	526.38	395.37	3 259.49	319.56	5 473.10
占比(%)	—	—	6.04	4.96	3.72	30.71	3.01	51.56

4.3.2　已恢复情况

甘肃省黄河流域历史遗留矿山植被已恢复面积为 3 399.55 hm²，包括乔木林地、竹林地、灌木林地和草地，占比详见图4-6。其中：已恢复为乔木林地的面积为 1 074.35 hm²（郁闭度 ≥0.4 的面积为 329.13 hm²，郁闭度 <0.4 的面积为 745.22 hm²）；已恢复为竹林地的面积为 0.4 hm²（郁闭度均≥0.4）；已恢复为灌木林地的面积为 199.40 hm²（覆盖度 ≥60% 的面积为 30.15 hm²，覆盖度 <60% 的面积为 169.25 hm²）；已恢复为草地的面积为 2 125.40 hm²（覆盖度 ≥60% 的面积为 119.90 hm²，覆盖度介于 20%～60% 之间的面积为 1 182.31 hm²，覆盖度 < 20% 的面积为 823.19 hm²）。

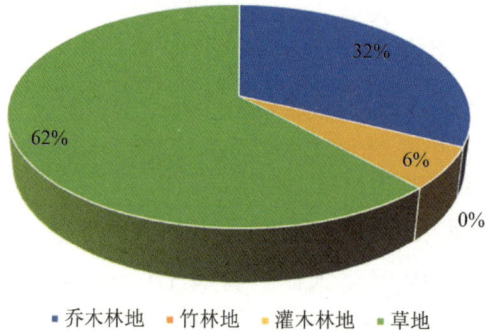

图4-6　植被已恢复地类面积占比图

全省已恢复植被中，草地、乔木林地占据的比例较大，灌木林地和竹林地占据的比例较小。

4.3.3　未恢复情况

甘肃省黄河流域历史遗留矿山植被未恢复面积为 7 215.75 hm²，可分为三个类型。其中：适宜恢复为林地、草地、湿地以外的其他土地的面积为 3 078.37 hm²；不具备恢复条件的面积为 1 518.68 hm²；具备恢复条件的面积为 2 618.70 hm²。

适宜恢复为林地、草地、湿地以外的其他土地的面积占比最大，可见植被未恢复土地的可利用率较大，详见图4-7。

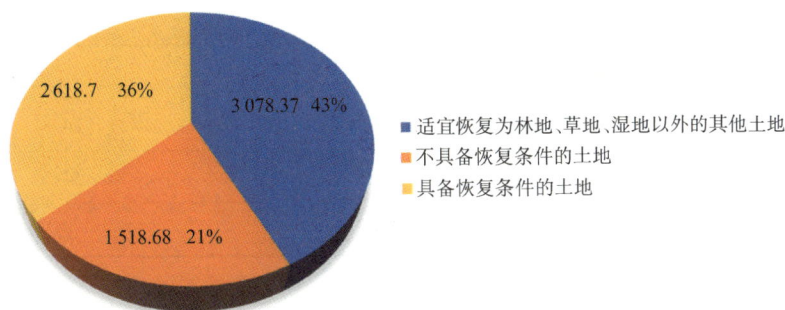

2 618.7　36%

3 078.37　43%

1 518.68　21%

■ 适宜恢复为林地、草地、湿地以外的其他土地
■ 不具备恢复条件的土地
■ 具备恢复条件的土地

图4-7　植被未恢复地类面积占比图

具备恢复条件的植被未恢复的面积为 2 618.7 hm²，按适宜恢复类型划分，占比详见图4-8。可恢复为乔木林地、竹林地的面积为 241.94 hm²；可恢复为灌木林地的面积为 233.49 hm²；可恢复为草地的面积为 1 871.45 hm²；可恢复为湿地的面积为 271.81 hm²。

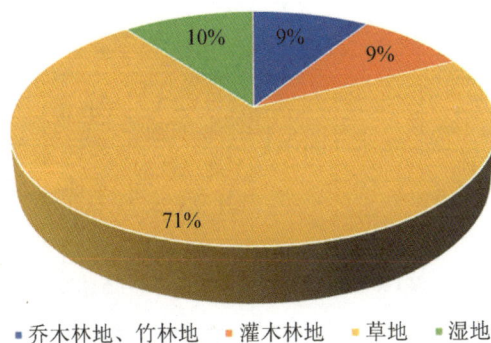

10%　9%　9%

71%

■ 乔木林地、竹林地　■ 灌木林地　■ 草地　■ 湿地

图4-8　具备恢复条件的植被未恢复地类面积占比图

表4-2为可恢复矿山的恢复措施及各措施所对应的恢复面积。其中：适宜工程措施恢复的面积为 381.71 hm²；适宜人工造林种草恢复的面积为 1 230.03 hm²；适宜人工促进恢复的面积为 374.45 hm²；适宜自然封育恢复的面积为 632.51 hm²。植被恢复面积统计见表4-3。

表4-2　可恢复矿山的恢复类型及面积

恢复措施	恢复面积（hm²）	占比（%）
工程措施恢复	381.71	15
人工造林种草恢复	1 230.03	47

续表4-2

恢复措施	恢复面积(hm²)	占比(%)
人工促进恢复	374.45	14
自然封育恢复	632.51	24
总计	2 618.70	100

整体上看：甘肃省黄河流域历史遗留矿山植被已恢复面积为3 399.55 hm²，可见近年矿山植被修复效果显著；矿山植被未恢复面积较大，达到7 215.75 hm²，其中，适宜恢复为林地、草地、湿地以外的其他土地的面积为3 078.37 hm²，不具备恢复条件的面积为1 518.68 hm²，具备恢复条件的面积为2 618.70 hm²。由于历史遗留矿山分布区域范围较大，矿山较分散，矿山植被修复难度较大。

表4-3　植被恢复情况面积统计表

	已恢复面积					未恢复面积				总计
	乔木林地	竹林地	灌木林地	草地	小计	适宜恢复为林地、草地、湿地以外的其他土地	不具备恢复条件	具备恢复条件	小计	
面积(hm²)	1 074.35	0.40	199.40	2 125.40	3 399.55	3 078.37	1 518.68	2 618.70	7 215.75	10 615.30

对具备恢复条件的矿山区域，在恢复治理的过程中要坚持适地适树的原则，植被筛选应着眼于植被品种的近期表现，兼顾其长期优势，选择植被品种时首先要根据生物学特性，选择根系发达、固土固坡效果好、成活率高、速生的乡土植物。同时，要严把整地关、土壤处理关和栽植关，做到环环相扣，确保造林绿化的工程质量，提高苗木的成活率。苗木成活后还要加强管护，这也是矿山植被恢复工程成功与否的关键环节。

第5章　矿山污染状况调查

　　矿山污染是矿产开采过程中、开采后对矿山及周边产生的生态环境问题，矿山开采产生大量的固体废弃堆积物，致使周边土壤、水资源受到重金属污染，干扰当地及周边地区的农业、旅游业发展，威胁人们的健康和生活，是我国环境治理的重点对象之一。为了维持生态的可持续发展，国家最近几年加大力度进行了全国矿山污染状况调查，全面了解了矿山污染状况，以期为下一步进行矿山污染状况修复提供科学依据。

　　矿山污染状况调查是指通过收集矿山资料、现场访谈、现场踏勘、取样检测等手段，详细了解矿山固体废弃物类型、矿山废水污染状况、矿山周边农用地土壤及灌溉水质的污染状况。

　　由于我国还没有正式颁布矿山污染状况调查规范，本书主要依据相关的污染调查规范，并参考黄河流域历史遗留矿山生态破坏与污染状况调查评价方案进行调查研究，进行矿山污染状况调查主要依据的工作规范为：①DD 2014—05《矿山地质环境调查评价规范》；②DD 2008—01《地下水污染地质调查评价规范》；③NY/T 395—2000《农田土壤环境质量监测技术规范》；④GB 15618—2018《农用地土壤污染风险管控标准》；⑤DB41/T 1948—2020《农用地土壤污染状况调查技术规范》。

5.1　调查要素

　　通过了解矿山固体废弃物的种类、来源、分布位置、堆存总量、堆存的方式，矿山主要污染物的种类、迁移途径，以及矿山污染物的防护治理措施等内容，初步判断矿山对周边农用地和灌溉水环境质量的影响。重点对超过筛选值农用地周边20 km范围内的、20 km范围内存在农用地的、安全利用类和严格管控类耕地集中区域周边的重金属矿、煤矿、硫铁矿等矿山进行调查。矿山污染状况的调查要素主要为以下3种：矿业固体废弃物、周边农用地污染和酸性废水。

5.1.1　矿业固体废弃物

矿业固体废弃物主要为矿山、采矿场在开采和选洗等生产作业中所排出的固体废弃物。通过矿山污染状况调查，可以查明矿山中固体废弃物的类型、规模、堆存量、堆存的方式及矿山污染防治措施等。

5.1.2　周边农用地污染

调查矿山周边相关范围内的农用地因矿山开采而造成的重金属污染状况。通过矿山污染状况调查，可以查明矿山周边污染的农用地的类型、灌溉水的来源、污染物的种类、污染物的含量、污染物的超标情况和污染等级等。

5.1.3　酸性废水

矿山的酸性废水主要为3类：露天矿山废水、矿井废水和选矿废水。通过矿山污染状况调查，可以查明矿山酸性废水的来源、类型、分布位置、现存量、排放方式，污染物的种类、迁移方式，以及矿山现有的污染防治措施等。

5.2　调查方法与技术路线

5.2.1　调查方法

目前，关于矿山污染状况调查的方法主要有资料收集分析法、现场踏勘调查法、人员访谈调查法、高光谱遥感识别调查法、取样分析调查法。根据调查的可操作性、科学性原则，本书采用资料收集+现场踏勘+人员访谈+取样分析的综合调查方法对矿山污染状况进行调查。

（1）工作程序

矿山污染状况调查工作的工作程序为组织调查人员、矿山资料收集、矿山分类、实施矿山污染外业调查、分析采样测试结果、提交调查结论（图5-1）。

调查人员专业技术水平的高低决定着整个调查工作的研究深度；矿山资料收集得越充分，越有利于技术人员对矿山情况的了解；进行矿山分类是为了区分重点调查矿山和一般调查矿山；实施矿山污染外业调查是为了获取矿山污染调查要素相关信息，为下一步进行矿山污染评价提供数据依据；分析采样测试结果是为了研究矿山污染的源头及矿山污染指标的相关性。矿山污染状况调查工作的各个环节紧紧相扣，缺一不可。

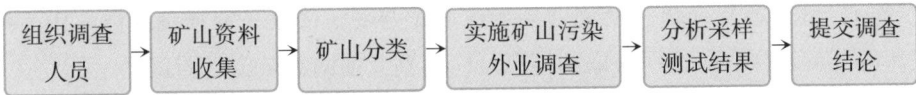

图 5-1　矿山污染状况调查程序图

（2）调查方法

1）组织调查人员

组建项目组，根据调查目标、任务工作量，对项目组人员进行分工，明确调查任务和相关责任。将项目组分为外业调查数据采集软件制作小组、矿山外业调查小组和综合研究小组共3个工作小组，详见图5-2。

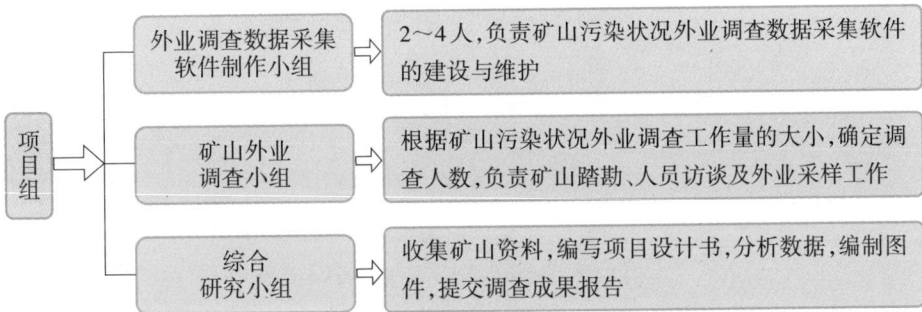

图 5-2　项目组分工图

2）矿山资料收集

进行矿山污染状况调查工作前，需要对所有调查矿山开展资料收集，主要收集的资料为矿山资料、区域资料、保护地资料和农用地污染状况详查成果。

①矿山资料：包括矿山矢量数据、水文地质勘查报告、环境地质调查评价报告、矿山勘查报告等资料。

②区域资料：包括区域气候环境、行政区划、人口规模，矿山所属市（县）的社会经济状况、交通状况、水系分布图，第三次全国国土调查成果等资料。

③保护地资料：包括矿山周边地质遗迹、生态保护红线、饮用水源地、国

家公园及森林保护区等保护地的地理信息资料。

④农用地污染状况详查成果：主要为了了解矿山周边农用地污染状况资料，并利用其成果直接进行矿山污染状况评价。

3）监测矿山选取与矿山分类归集

本次调查工作对矿种类别为金、铜、铁、铅锌、锑、石煤、自然硫的一类重点矿山（图斑）逐一开展取样分析，对其他重点矿山（图斑）及一般矿山（图斑），依据各市（州）及重点县布点采样方案，选取一定数量的样本作为代表，并开展取样分析，所获取的信息可应用到其他同类矿山（图斑）。

①监测矿山选取：

为了使取得的样本具有代表性，首先需要对矿山（图斑）进行分类归集，其次从每类矿山中选取部分作为监测矿山（图斑），对监测矿山（图斑）进行取样分析。矿山（图斑）监测样本的选取程序包括收集历史遗留矿山（图斑）基本信息、筛选重点矿山（图斑）及一般矿山（图斑）、现场查勘访谈、分析矿山（图斑）信息、确定监测矿山（图斑）等工作，详见图5-3。

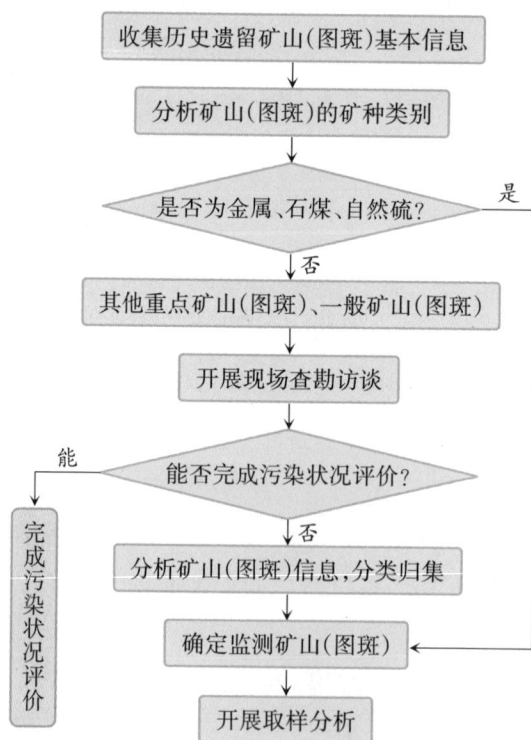

图5-3　甘肃省黄河流域历史遗留矿山（图斑）监测样本选取流程

对矿种类别为铜、铅锌、镍钴、锡、锑、汞砷、石煤、硫铁、自然硫的一类重点矿山（图斑），逐一开展取样分析。对其他重点矿山（图斑）和一般矿山（图斑），通过资料收集和现场查勘访谈无法获取支撑完成污染状况评价所需信息的，根据评价需要对矿业固体废物、酸性废水、农田灌溉水、底泥、农用地土壤中的一项或多项开展取样分析。对需要开展取样分析的二类重点矿山（图斑）和一般矿山（图斑），可以选取一定数量的样本作为代表开展取样分析，所获取的信息可应用到其他同类矿山（图斑）。

②矿山分类归集：

被调查矿山（图斑）可分为重点矿山（图斑）和一般矿山（图斑），重点矿山（图斑）又分为一类重点矿山（图斑）、二类重点矿山（图斑）、三类重点矿山（图斑）、四类重点矿山（图斑），而重点矿山（图斑）以外的矿山（图斑）为一般矿山（图斑）。对一类重点矿山（图斑），逐一开展矿业固体废物、酸性废水、农田灌溉水、底泥、农用地土壤取样分析。对其他重点矿山（图斑）和一般矿山（图斑），如果根据收集的资料、矿山查勘和人员访谈信息能够进行污染调查评价，则直接进行污染评价；如果无法直接进行污染调查评价，则进行分类归集，抽取一定百分比（大于20%）的矿山作为样本，并根据矿山污染评价的要求进行取样分析。

一类重点矿山（图斑）：矿种类别为铜、铅锌、镍钴、锡、锑、汞砷、石煤、硫铁、自然硫的矿山（图斑）。

二类重点矿山（图斑）：下游10 km范围内存在黄河干流、一级支流河段和饮用水水源地、自然保护区核心区、重要湿地等生态环境敏感目标的矿山（图斑）。

三类重点矿山（图斑）：党的十八大以来，中央领导同志指示批示和中央生态环境保护督察发现的涉及存在突出污染问题的矿山（图斑）。

四类重点矿山（图斑）：因违法侵占或易发生自然灾害等突发性环境事故，自然保护区核心区、饮用水水源保护区和人口密集区生态环境被危及的矿山（图斑）。

一般矿山（图斑）：重点矿山（图斑）之外的矿山（图斑）。

样本选取原则为：对在同一个县级行政区范围内地形地貌、地质背景（成矿带分布等）、矿种类型、矿床类型、污染防控措施等条件相似的矿山（图斑）进行分类归集，选择其中面积较大、污染问题突出的矿山（图斑）作为样本，样本数量不低于同类矿山（图斑）数量的20%。

对矿山的分类归集应遵循如下原则：

a.行政区划：同一分类归集的矿山（图斑）应属于同一县级行政区范围。

b.地形地貌：同一分类归集的矿山（图斑）的地形地貌原则上应一致，特殊情况如位于同一矿山（图斑）范围内的除外。

c.地质背景：同一分类归集的矿山（图斑）的地层岩性应一致。

d.矿种类型：同一分类归集的矿山（图斑）的矿种类型应一致。

e.分布情况：分类归集的矿山（图斑）的分布应较为集中，同一分类归集的矿山（图斑）均应位于长半径不大于10 km的近似椭圆区域内。

f.所处流域：同一分类归集的矿山（图斑）应处于同一地表水流域。

4）实施矿山污染外业调查

矿山污染外业调查工作包括矿山现场查勘、人员访谈和取样分析。

①矿山现场查勘：

对所有调查矿山（图斑）进行现场查勘工作，矿山查勘内容为矿山的位置（中心坐标）、地形地貌、污染防控措施、是否存在矿业固体废物、是否存在酸性废水、下游3 km内是否存在农用地、下游3 km内是否存在灌溉水、下游3 km内是否存在尾矿库或重点企业，同时使用无人机拍摄矿山全景照片，使用手机拍摄矿山近远景工程照片。使用矿山污染调查软件，实时录入每个矿山的现场查勘信息。

②人员访谈：

与矿山主管部门、使用方、周边村民等进行访谈，并对访谈内容进行记录，对访谈人员的姓名和联系方式进行登记。人员访谈主要是为了了解矿山开采的矿种、开采历史、关闭时间、开采方式等矿山基本信息，以及矿山对周边环境的影响、采取的污染防治措施等信息。

③取样分析：

对重金属污染风险较高的一类重点矿山（图斑）（铜、铅锌、镍钴、锡、锑、汞砷、石煤、硫铁、自然硫等矿种），逐一开展矿业固体废物、酸性废水、农田灌溉水、底泥、农用地土壤取样分析。

对农用地土壤污染状况详查范围包含周边农用地的矿山（图斑），如果根据农用地土壤污染状况调查成果能够完成农用地污染状况评价，那么可以不布置采样点。

对非一类的重点矿山（图斑）及一般矿山（图斑），在分类归集的基础上，选取一定数量的矿山（图斑）样本作为代表，对矿业固体废物、酸性废水、农田灌溉水、底泥、农用地土壤中的一项或多项开展取样分析。

5）矿山布点采样

布点区域要能够充分反映现场污染特征及污染范围，可应用现场快速检测设备辅助筛选布点区域。

①矿业固体废物布点：

若矿山（图斑）的矿业固体废物（废石、尾矿、煤矸石、冶炼废渣等）种类相同，则依据污染程度并结合实际情况划定一处布点区域，并设置 5 个采样点（图 5-4）。若矿山（图斑）的矿业固体废物（废石、尾矿、煤矸石、冶炼废渣等）种类不同，则针对每类固体废物，依据其污染程度并结合实际情况划定一处布点区域（设置 5 个采样点）。

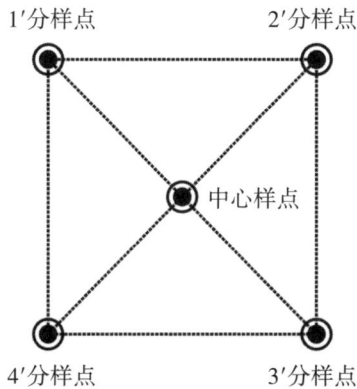

图 5-4　双对角线布点法

②酸性废水布点：

在矿山（图斑）的酸性废水源头布设采样点位。酸性废水是指 pH 低于 6 的矿坑水、矿井涌水、淋溶废水等。若矿山（图斑）存在碱性废水，则在矿山（图斑）的碱性废水源头布设采样点位。若矿山（图斑）的酸性废水（矿坑水、矿井涌水、淋溶废水等）种类相同，则依据污染程度并结合实际情况划定 1 个采样点。若矿山（图斑）的酸性废水（矿坑水、矿井涌水、淋溶废水等）种类不同，则针对每类酸性废水，依据其污染程度并结合实际情况划定 1 个采样点。

③农田灌溉水布点：

结合矿山（图斑）所在区域范围内地表水系（灌溉水）及第三次全国国土调查数据，将矿山（图斑）下游 3 km、河流两岸各 1 km 范围划为调查监测区。根据灌溉水源分布情况，在水系入口、渠首或灌溉口处采用蛇形布点法（图 5-

5）布设2个灌溉水的采样点位。若出现无灌溉水可采的情况，则结合实际情况在矿山（图斑）所在小流域下游的水系入口前选取布点区域，并采集一个地表水样品作为替代。

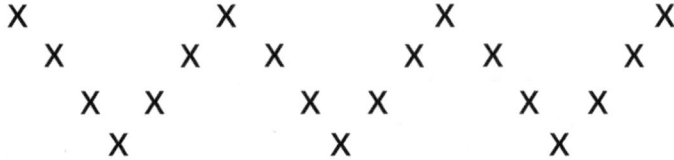

图5-5　蛇形布点法

④底泥布点：

在调查监测区，底泥布点区域与农田灌溉水的一致，而且也采用蛇形布点法布设采样点位。采样点应布设在水流平缓、冲刷作用较弱的地方，如果这些地方因含砾石等因素无法采集，可适当移动位置，并做好记录。对收集的资料数据或现场查勘、人员访谈表明可能存在底泥污染的区域，可增加布点区域并布设采样点。

⑤农用地土壤布点：

按照专业判断法、加密布点法相结合的原则进行采样点布设。在调查监测区，按照1 000 m×1 000 m网格均匀布设点位，各网格采集1个表层混合样品（以网格中心点为中心，采用双对角线法5点混合采样）。在靠近河流两岸或重点区域50 m范围内，按照50 m×1 000 m网格增设1个布点区域，采用双对角线法采集1个表层混合样品。如果调查监测区内农用地面积较小，那么总采样数不得少于3个。

6）分析指标

根据GB 15618—2018《农用地土壤污染风险管控标准》和DB41/T 1948—2020《农用地土壤污染状况调查技术规范》，矿业固体废物、酸性废水、农田灌溉水、底泥和农用地土壤的取样分析指标如表5-1所示。

矿业固体废物样品的测试项目为pH、镉、汞、砷、铅、铬、六价铬、铜、锌、镍、铊、氟化物和硫化物，共计13项。

酸性废水的测试项目为pH、镉、汞、砷、铅、六价铬、铜、锌、镍、铊和硫化物，共计11项。

农田灌溉水的测试项目为pH、镉、汞、砷、铅、六价铬、铜、锌和镍，共计9项。

底泥和农用地土壤的测试项目为pH、镉、汞、砷、铅、铬、铜、锌和镍，共计9项。

表5-1 取样分析指标

类别		取样分析指标
矿业固体废物		堆存量、水浸毒性指标(pH、镉、汞、砷、铅、铬、六价铬、铜、锌、镍、铊、氟化物、硫化物)
酸性废水		存量(产生量)、pH、镉、汞、砷、铅、六价铬、铜、锌、镍、铊、硫化物
农用地	农田灌溉水	pH、镉、汞、砷、铅、六价铬、铜、锌、镍
	底泥	pH、镉、汞、砷、铅、铬、铜、锌、镍
	农用地土壤	

7）技术要求

矿业固体废物、酸性废水、农田灌溉水、底泥、农用地土壤的样品采集和检测方法依据国家相关技术标准、规范执行。在采样工作结束后，将采集的样品科学保存，并及时运输至相关实验室进行分析测试。

①矿业固体废物：

参照《工业固体废物采样制样技术规范》（HJ/T 20—1998），根据矿业固体废物的类别、形态、堆存状态分类采样，每类固体废弃物选取5个采样点，每个采样点的样品重量不小于1 kg。

在采集固体废物样品的同时，还应该对矿业固体废物的堆存量进行估算。根据《工程测量标准》（GB 50026—2020），利用激光测距仪、全站仪和无人机等估算固体废物的堆存量。

参照有关标准、规范规定的分析方法对矿业固体废物的水浸毒性指标开展测试，详见表5-2。

表5-2 矿业固体废物样品分析方法

序号	检测指标	分析方法	标准编号	方法检出限	特定要求
1	—	固体废物 浸出毒性浸出方法 水平振荡法	HJ 557—2010	—	

续表 5-2

序号	检测指标	分析方法	标准编号	方法检出限	特定要求
2	pH	固体废物　腐蚀性测定　玻璃电极法	GB/T 15555.12—1995	—	
3	镉	固体废物　22种金属元素的测定　电感耦合等离子体发射光谱法	HJ 781—2016	0.01 mg/L	采用 HJ 557—2010 浸出
4	汞锑	固体废物　汞、砷、硒、铋、锑的测定　微波消解/原子荧光法	HJ 702—2014	0.000 02 mg/L	采用 HJ 557—2010 浸出
5	砷	固体废物　汞、砷、硒、铋、锑的测定　微波消解/原子荧光法	HJ 702—2014	0.000 1 mg/L	采用 HJ 557—2010 浸出
6	铅	固体废物　22种金属元素的测定　电感耦合等离子体发射光谱法	HJ 781—2016	0.03 mg/L	采用 HJ 557—2010 浸出
7	铬	固体废物　22种金属元素的测定　电感耦合等离子体发射光谱法	HJ 781—2016	0.02 mg/L	采用 HJ 557—2010 浸出
8	六价铬	固体废物　六价铬的测定　二苯碳酰二肼分光光度法	GB/T 15555.4—1995	0.004 mg/L	采用 HJ 557—2010 浸出
9	铜	固体废物　22种金属元素的测定　电感耦合等离子体发射光谱法	HJ 781—2016	0.01 mg/L	采用 HJ 557—2010 浸出
10	锌	固体废物　22种金属元素的测定　电感耦合等离子体发射光谱法	HJ 781—2016	0.01 mg/L	采用 HJ 557—2010 浸出

序号	检测指标	分析方法	标准编号	方法检出限	特定要求
11	镍	固体废物　22种金属元素的测定　电感耦合等离子体发射光谱法	HJ 781—2016	0.002 mg/L	采用 HJ 557—2010 浸出
12	铊	固体废物　22种金属元素的测定　电感耦合等离子体发射光谱法	HJ 781—2016	0.03 mg/L	采用 HJ 557—2010 浸出
13	氟化物	固体废物　氟化物的测定　离子选择性电极法	GB/T 15555.11—1995	0.05 mg/L	采用 HJ 557—2010 浸出
14	硫化物	土壤和沉积物　硫化物的测定　亚甲基蓝分光光度法	HJ 833—2017	0.04 mg/kg	

②酸性废水：

在矿山的酸性废水源头布设采样点位，每类酸性废水（矿坑水、矿井涌水、淋溶废水）选取1个采样点，并至少采集1次瞬时样。如果矿山存在碱性废水，则采样依照酸性废水采样要求执行。

在采集酸性废水样品的同时，还应该对矿坑水、矿井涌水和淋溶废水的存量进行估算。参照《矿坑涌水量预测计算规程》（DZ/T 0342—2020），利用流量仪、激光测距仪等仪器，根据矿坑的几何形态、流量估算酸性废水的存量或产生量。

参照有关标准、规范规定的分析方法开展酸性废水、农田灌溉水样品相关指标的测试，详见表5-3。

表5-3　酸性废水和农田灌溉水样品分析方法

序号	检测指标	分析方法	标准编号	方法检出限(mg/L)
1	pH	水质　pH值的测定　玻璃电极法	HJ 1147—2020	—
2	镉	水质　铜、锌、铅、镉的测定　原子吸收分光光度法（第一法）	GB/T 7475—1987	0.02

续表5-3

序号	检测指标	分析方法	标准编号	方法检出限(mg/L)
3	汞锑	水质 汞、砷、硒、铋和锑的测定 原子荧光法	HJ 694—2014	0.000 04
4	砷	水质 汞、砷、硒、铋和锑的测定 原子荧光法	HJ 694—2014	0.000 3
5	铅	水质 65种元素的测定 电感耦合等离子体质谱法	HJ 700—2014	0.000 09
6	六价铬	水质 六价铬的测定 二苯碳酰二肼分光光度法	GB/T 7467—1987	0.004
7	铜	水质 65种元素的测定 电感耦合等离子体质谱法	HJ 700—2014	0.000 08
8	锌	水质 铜、锌、铅、镉的测定 原子吸收分光光度法(第一法)	GB/T 7475—1987	0.02
9	镍	水质 65种元素的测定 电感耦合等离子体质谱法	HJ 700—2014	0.000 06
10	硫化物	水质 硫化物的测定 亚甲基蓝分光光度法	HJ 1226—2021	0.003
11	铁	水质 32种元素的测定 电感耦合等离子体发射光谱法	HJ 776—2015	水平:0.01 垂直:0.02
12	锰	水质 32种元素的测定 电感耦合等离子体发射光谱法	HJ 776—2015	水平:0.01 垂直:0.004
		水质 65种元素的测定 电感耦合等离子体质谱法	HJ 700—2014	0.000 12
13	铊	水质 铊的测定 石墨炉原子吸收分光光度法	HJ 748—2015	0.03(沉淀富集) 0.83(直接测定)

③农田灌溉水:

将矿山下游3 km、河流两岸各1 km范围划为调查监测区,并根据矿山查勘情况进行实时调整。根据灌溉水域的分布情况,在水系入口、渠首或灌溉口处布设2个灌溉水采样点位。如果出现无灌溉水可采集的情况,可在矿山所在小流域下游的水系入口前采集地表水样品代替灌溉水样品。同时,应该采集1次瞬时样,并力争在丰水期完成样品采集。

农田灌溉水相关指标测试同酸性废水，详见表5-3。

④底泥：

在取样调查矿山周边区域，底泥采样点应该和农田灌溉水采样点垂直一致，对于收集资料、人员访谈和现场查勘显示可能存在底泥污染的区域，可增加1个布点。采样点应该选择在水流平缓、冲刷作用较弱的区域，如果这些区域因含砾石等因素采集不到样品，可适当移动位置，并做好记录。

参照有关标准、规范规定的分析方法对底泥的相关指标开展测试，详见表5-4。

表5-4　底泥和农用地土壤样品分析方法

序号	检测指标	分析方法名称	标准编号	方法检出限（mg/kg）
1	pH	土壤　pH值的测定　电位法	HJ 962—2018	—
2	砷	土壤和沉积物　汞、砷、硒、铋、锑的测定　微波消解/原子荧光法	HJ 680—2013	0.01
3	镉	土壤质量　铅、镉的测定　石墨炉原子吸收分光光度法	GB/T 17141—1997	0.01
4	铜	土壤和沉积物　铜、锌、铅、镍、铬的测定　火焰原子吸收分光光度法	HJ 491—2019	1
5	铅	土壤和沉积物　铜、锌、铅、镍、铬的测定　火焰原子吸收分光光度法	HJ 491—2019	10
6	铬	土壤和沉积物　铜、锌、铅、镍、铬的测定　火焰原子吸收分光光度法	HJ 491—2019	4
7	汞	土壤和沉积物　汞、砷、硒、铋、锑的测定　微波消解/原子荧光法	HJ 680—2013	0.002
8	锌	土壤和沉积物　铜、锌、铅、镍、铬的测定　火焰原子吸收分光光度法	HJ 491—2019	1
9	镍	土壤和沉积物　铜、锌、铅、镍、铬的测定　火焰原子吸收分光光度法	HJ 491—2019	3
10	干物质和水分	土壤　干物质和水分的测定　重量法	HJ 613—2011	—

⑤农用地土壤：

对调查监测区内的农用地按1 000 m×1 000 m网格均匀布设点位，在每个

1 000 m×1 000 m网格内采集1个表层混合样品（以网格中心点为中心，采用双对角线法5点混合采样），在靠近河流两岸或重点区域50 m范围内加密布点。如果调查监测区面积较小，那么总采样数不得少于3个。每个混合样总计采样不得少于1 500 g，采集2份平行样，每个样品采样总量不得少于2 500 g。

参照有关标准、规范规定的分析方法开展农用地土壤相关指标的测试，详见表5-4。

8）现场取样分析流程

①样品采集：

a.矿业固体废物：使用铁锹、铁铲等直接取样，采样深度原则上为0～30 cm，在存在污染痕迹或现场快速检测识别出的污染相对较重的位置；若采集已修复治理的矿山（图斑）的固体废物，需揭开表层土壤，再采集固体废物样品；每类固体废物（废石、尾矿、煤矸石、冶炼废渣等）采集5个单样，采样量不得少于1 000 g；采集2份平行样，分别送检测实验室和平行样检测实验室进行质量控制。

b.酸性废水：采集水样时，采样瓶应清洗干净，使用具磨口塞的玻璃瓶或螺口塑料瓶；采样时先用水样洗涤采样瓶2～3次，不要完全装满采样瓶，留出5～10 mL空间，以免温度升高时水样顶开瓶塞；采样后塞紧瓶塞避免漏水；采集1次瞬时样，采集2份平行样、2份全程序空白样，分别送检测实验室和平行样检测实验室进行质量控制。

c.农田灌溉水：灌溉水的采样宜在灌水沟渠中进行，注意不要在施过肥的农田中取样；采样时，采样瓶应该洗干净，使用具磨口塞的玻璃瓶或螺口塑料瓶；采样时先用水样洗涤采样瓶2～3次，不要完全装满采样瓶，留出5～10 mL空间，以免温度升高时水样顶开瓶塞；采样后塞紧瓶塞避免漏水；采集1次瞬时样，采集2份平行样、2份全程序空白样，分别送检测实验室和平行样检测实验室进行质量控制；采样时，应站在下游向上游用聚乙烯桶采集，避免搅动沉积物，防止水样污染；水体中重金属污染物易被悬浮物吸附，特别是水体中悬浮物含量较高时，样品采集后，采样器的样品中所含的污染物会随着悬浮物的下沉而沉降，因此，必须边摇动采样器边向样品容器中灌装样品，以减少被测定物质的沉降，保证样品的代表性。

d.底泥：对砂质底泥，使用圆锥式采样器、钻头式采样器、悬锤式采样器取样，底泥为卵石时，则用锹式采样器、蚌式采样器取样；采样点应选择在水流平缓、冲刷作用较弱的地方，如果这些地方因含砾石等因素采集不到样品，可适当移动采样位置，同时做好记录；样品采集需要避开腐殖质聚集、人为污染明显地段；采集表层底泥1个样品；每个单样总计采样量不得少于1 000 g；采集2份平行样，分别送检测实验室和平行样检测实验室进行质量控制。

　　e.农用地土壤：表层土壤样品的采集采用挖掘方式进行，使用锹、铲及竹片等简单工具；土壤采样深度应根据污染状况分布、地层结构及水文地质等进行判断，采样深度原则上在表层下0～20 cm，实际采样深度可根据现场踏勘调查结果进行设置与调整；每个混合样总计采样量不得少于1 500 g；采集2份平行样，每个样品采样总量不得少于2 500 g，分别送检测实验室和平行样检测实验室进行质量控制；尽量减少土壤扰动，保证土壤样品在采样过程中不被二次污染。

　　②样品保存：

　　a.矿业固体废物样品保存：样品装入容器后应立即贴上样品标签；对易挥发废物，采取无顶空存样，并用冷冻方式保存；对光敏废物，应将样品装入深色容器中并置于避光处；对温敏废物，应将样品保存在规定的温度之下；与水、酸、碱等易反应的废物，应在隔绝水、酸、碱等条件下贮存；样品保存应防止受潮或受灰尘等污染。

　　b.农用地土壤样品保存：对易分解或易挥发等含不稳定组分的样品，要求采用低温保存的运输方法，并尽快送到实验室进行分析测试。测试时要使用新鲜的土样，土样采集后可密封在聚乙烯或玻璃瓶容器中于4 ℃以下避光保存，样品要充满容器，避免用含有待测组分或对测试有干扰的材料制成的容器盛装保存样品；对分析取用后的剩余样品，待测定全部完成且数据报出后，也移交样品库保存；分析取用后的剩余样品一般保留半年，预留样品一般保存2年；样品库保持干燥、通风、无阳光直射、无污染；要定期清理样品，防止霉变、鼠害及标签脱落；样品入库、领用和清理均需记录；现场样品保存、样品暂时保存、样品流转过程均要求始终在4 ℃低温下进行。

　　c.酸性废水、农田灌溉水及底泥样品保存：样品采集后应尽快运送到实验室进行分析，并根据检测目的、检测项目和检测方法的要求在样品中加入保存剂；样品在运输过程中应避免日光照射，并置于4 ℃冷藏箱中保存，气温偏高或偏低时还应采取适当保温措施；样品装箱前应将样品容器内外盖盖紧，对装有样品的玻璃磨口瓶，应用聚乙烯薄膜覆盖瓶口，并用细绳将瓶塞与瓶颈系紧；同一采样点的样品瓶尽量装在同一箱内，与采样记录或样品交接单同时逐件核对，检查所采水样是否已全部装箱；装箱时应用泡沫塑料或波纹纸板垫底以间隔防震；运输时应有押运人员，防止样品损坏或受沾污；现场样品保存、样品暂时保存、样品流转过程均要求始终在4℃低温下进行。

③样品流转：

样品流转主要分为装运前核对、样品运输、样品接收3项工作。

a.装运前核对：样品管理员和质量检查员负责样品装运前的核对，要求对样品与采样记录单进行逐个核对，检查无误后分类装箱，并填写样品保存检查记录单。

样品装运前，填写样品运送单，包括样品名称、采样时间、样品介质、检测指标、检测方法和样品寄送人等信息，将样品运送单用防水袋保护，随样品箱一同送至样品检测单位。

在样品的装箱过程中，要用泡沫材料填充样品瓶和样品箱之间的空隙，样品箱用密封胶带打包。

b.样品运输：样品运输时应保证样品完好并低温保存，采用适当的减震隔离措施，严防样品瓶的破损、混淆或沾污，在保存时限内运送至样品检测单位。

样品运输环节应设置运输空白样品对照，以进行运输过程的质量控制，一个样品运输批次设置一个运输的空白样品。

c.样品接收：样品送达实验室后，由样品管理员接收。样品检测单位收到样品箱后，应立即检查样品箱是否有破损，按照样品运输单清点核实样品数量、样品瓶编号及破损情况。

样品管理员对样品进行符合性检查，包括：样品包装、标识及外观是否完好；对照采样记录单检查样品名称、采样地点、样品数量、样品形态等是否一致；核对保存剂加入情况；样品是否冷藏，冷藏温度是否满足要求；样品是否有损坏或污染。样品管理员确定样品符合样品交接条件后，进行样品登记，并由双方签字。

9）分析采样测试结果

根据现场查勘及取样分析测试结果，依据不同种类样品的评价标准，对矿业固体废物、酸性废水、农田灌溉水、底泥和农用地土壤样品的检测结果进行分析。为了更直观地分析测试项浓度分布及离散情况，可采用四分位数法［四分位数法是标准差法的升级，使用中位数和四分位间距代替了均值和标准差，该方法能够很好地反映一组数据的离散程度。其中，四分位间距为上四分位值（75%分位值Q_3）与下四分位值（25%分位值Q_1）的差，能对各测试指标的浓度值进行统计]。

　　为进一步明确污染成因，可采用主成分分析法（PCA）识别上游区和下游区土壤重金属污染的主要来源。主成分分析是将多维变量进行降维，同时保留数据集中尽可能多的变化的一种方法。它把给定的一组相关变量通过线性变换转成另一组不相关的变量，这些新的变量按照方差依次递减的顺序排列，在保持变量总方差不变的前提下，使第一变量具有最大的方差，称为第一主成分，第二变量的方差次大，并且和第一变量不相关，称为第二主成分。依次类推，1个变量就有1个主成分。该方法可以用较少的变量去解释原来资料中的大部分变量，因此，往往使用该方法来分析矿山（图斑）的污染成因。

　　为进一步论证农田土壤中的重金属来源，基于现场查勘测定的矿石重金属含量和土壤重金属含量，利用Spearman相关性分析判断农田土壤中的重金属来源。Spearman相关性分析是衡量两个变量依赖性的非参数指标，通过Spearman相关性分析，可以得到一个自变量与因变量之间的关系，以及自变量对因变量的影响强弱。具体为：

　　定义X和Y为两组数据，X_i和Y_i分别是这两组数据的等级，其Spearman相关系数P：

$$P = 1 - \frac{6\sum d_i^2}{n(n^2 - 1)} \qquad (5-1)$$

　　式中，d_i为X_i和Y_i之间的等级差，n代表数据量。P值是反映不相关系统产生具有Spearman相关性的数据集的概率，即两个变量不相关的概率。通常单位检验下，$P<0.05$（且大于或等于0.01）时可认为两个变量相关性显著，$P<0.01$时可认为两个变量相关性非常显著。

　　通过分析采样测试结果，能清晰地了解样品测试情况，更加科学地推测矿山污染物的来源与去向。

　　10）提交污染调查结论

　　根据矿山查勘、人员访谈、样品测试结果，分析样品测试数据，提交矿山污染调查成果，为矿山污染状况调查评价提供依据。

5.2.2　技术路线

　　如图5-6所示，矿山污染状况调查通过收集区域资料、矿山资料、农用地土壤污染成果及保护地资料，结合矿种信息、水系分布信息、保护地信息等对矿山进行分类。对一类重点矿山（图斑），通过矿山查勘、人员访谈，并逐一开展矿业固体废物、酸性废水、农田灌溉水、底泥、农用地土壤取样分析，最后获取矿山污染状况。其他重点矿山（图斑）及一般矿山（图斑）中，对能通过收集资料信息（主要为农用地土壤污染成果）、矿山查勘和人员访谈进行污染状况评价的部分矿山（图斑），直接进行污染状况评价，对另外部分其他重点矿山（图斑）和一般矿山（图斑）则进行分类归集，每类矿山中选取大于20%数量的矿山作为样本矿山，进行取样分析。分析综合农用地土壤污染调查成果和采样测试结果后，提交矿山污染调查成果，为后期进行单矿山评价、区域矿山综合评价提供依据。

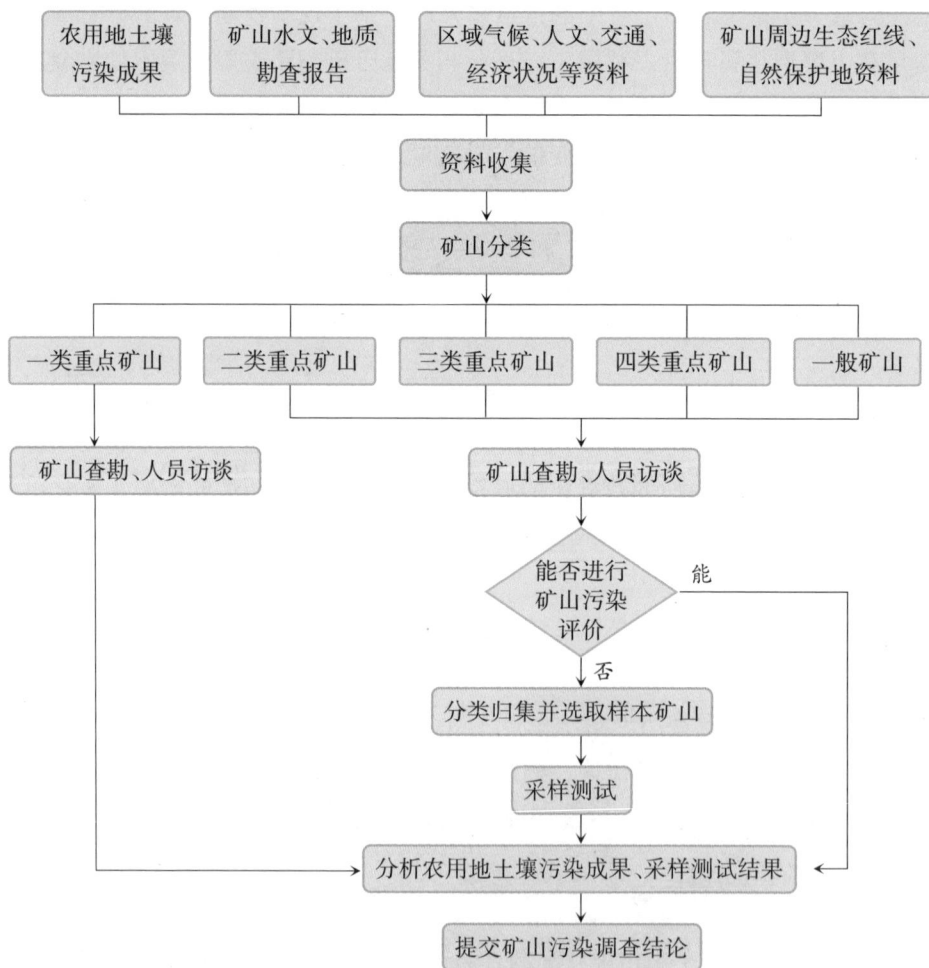

图5-6　矿山污染状况调查技术路线图

5.3 甘肃省黄河流域历史遗留矿山污染现状

根据上述介绍的历史遗留矿山污染状况调查方法，对甘肃省黄河流域历史遗留矿山进行污染状况调查，得到矿山污染现状。

5.3.1 矿山（图斑）污染源概况

（1）分布情况

本次调查评价工作共确定了763个监测矿山（图斑），对763个监测矿山（图斑）进行取样分析，从区域分布来看，历史遗留矿山（图斑）所处的9个市（州）均存在矿业固体废物，分布情况见表5-5、图5-7。结果显示，定西市存在矿业固体废物的矿山（图斑）数量最多，白银市、兰州市次之。

依据检测数据，结合现场查勘，可判断甘肃省黄河流域矿业固体废物和酸性废水等潜在污染源分布情况。整体来看，矿业固体废物存在于较多的矿山（图斑）中，但总体上堆存量较少，多数矿山（图斑）的矿业固体废物堆存量小于10万t。

表5-5 甘肃省黄河流域矿业固体废物分布情况表

市（州）	存在矿业固体废物的矿山（图斑）数量（个）	县（市、区）	存在矿业固体废物的矿山（图斑）数量（个）
白银市	102	白银区	6
		会宁县	6
		景泰县	32
		靖远县	17
		平川区	41
定西市	155	安定区	5
		临洮县	12
		陇西县	1

续表5-5

市(州)	存在矿业固体废物的矿山(图斑)数量(个)	县(市、区)	存在矿业固体废物的矿山(图斑)数量(个)
		岷县	120
		通渭县	1
		渭源县	4
		漳县	12
甘南州	54	合作市	10
		临潭县	11
		夏河县	9
		卓尼县	24
兰州市	78	皋兰县	32
		七里河区	1
		永登县	42
		榆中县	3
临夏州	1	和政县	1
庆阳市	3	庆城县	1
		西峰区	1
		正宁县	1
天水市	9	麦积区	1
		秦安县	1
		秦州区	3
		清水县	1
		张家川县	3
武威市	34	古浪县	24
		天祝县	10
平凉市	24	华亭市	2

市（州）	存在矿业固体废物的矿山（图斑）数量（个）	县（市、区）	存在矿业固体废物的矿山（图斑）数量（个）
		泾川县	4
		静宁县	4
		崆峒区	10
		灵台县	4

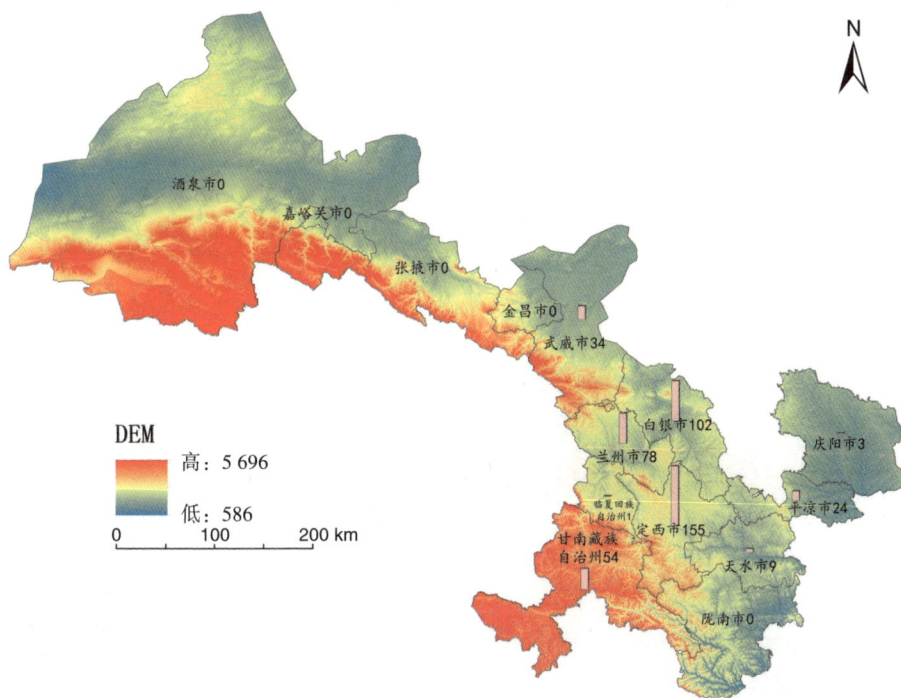

图 5-7　甘肃省黄河流域矿业固体废物分布图

注：该图基于国家地理信息公共服务平台公布的审图号为 GS（2024）0650 号的标准地图制作，地图无修改。

在酸性废水分布方面，甘肃省存在酸性废水的历史遗留矿山（图斑）共 10 个，分布于白银市平川区、景泰县，定西市漳县，甘南州卓尼县，武威市古浪县，详见表 5-6、图 5-8。从酸性废水存量来看，存量大于或等于 0.5 万 t 的矿山（图斑）共 1 个，位于武威市古浪县，矿种类型为煤矿；存量等于 0.1 万 t 的矿山

（图斑）共1个，位于白银市景泰县，矿种类型为水泥用灰岩；其余8个矿山（图斑）的酸性废水存量均小于0.1万t，分散分布于甘南州卓尼县、白银市平川区、白银市景泰县及定西市漳县。

表5-6 甘肃省黄河流域酸性废水分布情况表

市（州）	存在酸性废水的矿山（图斑）数量（个）	县（区）	存在酸性废水的矿山（图斑）数量（个）
白银市	3	平川区	1
		景泰县	2
定西市	2	漳县	2
甘南州	4	卓尼县	4
武威市	1	古浪县	1

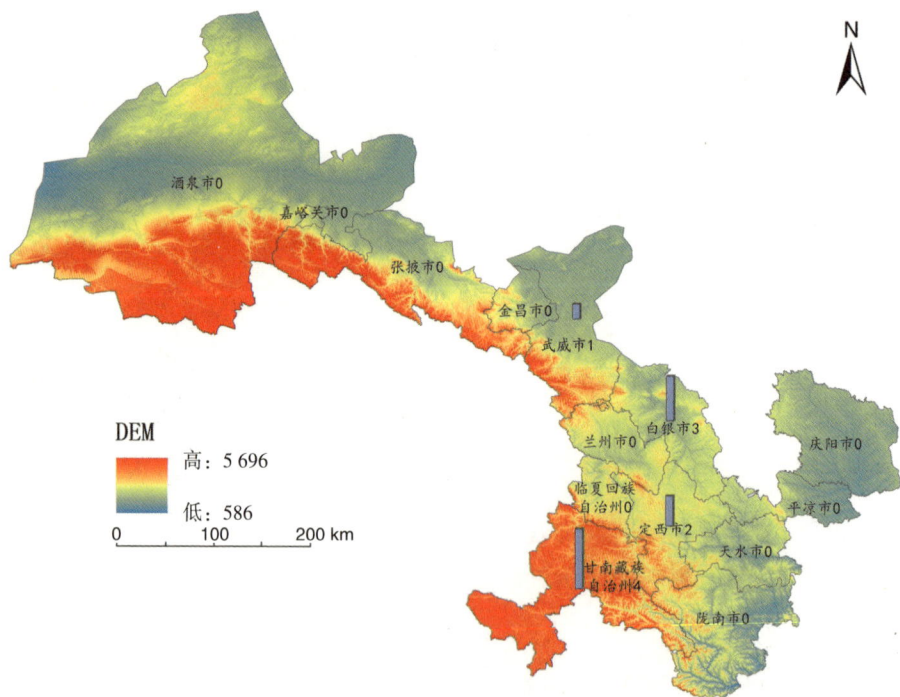

图5-8 甘肃省黄河流域酸性废水分布图

注：该图基于国家地理信息公共服务平台公布的审图号为GS（2024）0650号的标准地图制作，地图无修改。

（2）超标情况

1）矿业固体废物

对763个监测矿山（图斑）的矿业固体废物和酸性废水超标情况进行分析。经统计，甘肃省存在矿业固体废物样品超标的监测矿山（图斑）共109个，超标指标主要有pH、硫化物、砷、铜、锌、镍。

矿业固体废物超标样品比率分布情况见图5-9。结果表明，超标比率呈现"两极分布"，即超标比率在0.6~1之间和0.2~0.4之间的矿山（图斑）数量较多。这意味着矿业固体废物的污染状况可能存在较高风险，需予以关注。

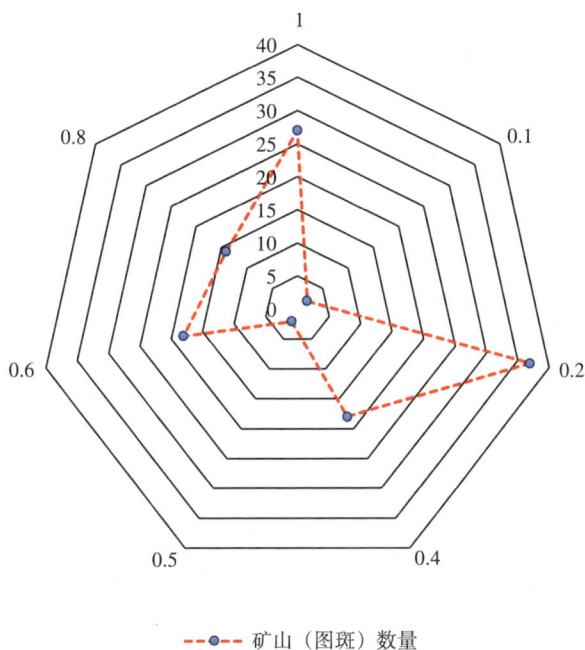

图5-9 甘肃省黄河流域矿业固体废物超标样品比率统计图

在矿业固体废物堆存量方面，经现场查勘，并利用全站仪、激光测距仪、无人机等仪器对矿业固体废物堆存量进行计算，发现除兰州市皋兰县、武威市古浪县、定西市安定区的部分矿山（图斑）矿业固体废物堆存量较大外，甘肃省绝大多数矿山（图斑）的矿业固体废物堆存量小于10万t。

从区域分布来看（图5-10），存在矿业固体废物测试项超标的矿山（图斑）主要分布在甘南州、兰州市、白银市、定西市等地，并且在陇中黄土高原、甘南高原的分布较为集中。

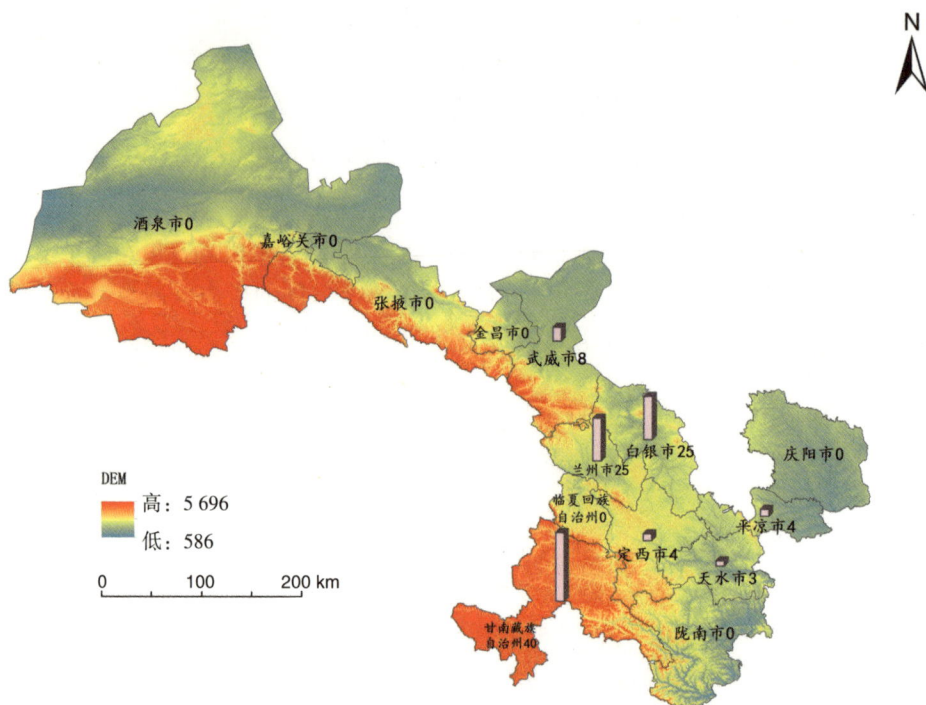

图5-10　甘肃省黄河流域矿业固体废物测试项超标矿山（图斑）分布图

注：该图基于国家地理信息公共服务平台公布的审图号为GS（2024）0650号的标准地图制作，地图无修改。

　　总体看来，矿业固体废物出现超标可能会对周围环境造成影响：矿业固体废物中的污染物在雨水淋滤作用下发生迁移，可能导致矿区周边地表水、地下水及土壤中的污染物含量增加，对水资源、土地资源造成影响。部分矿山（图斑）在开发利用过程中，如果未采取有效的土地复垦及修复措施，将会导致土壤承载能力下降，地质结构遭到破坏，进而引起地表塌陷、裂缝、下沉等地质灾害问题。此外，矿业固体废物在长时间日照和风吹下容易形成飘尘，对大气环境造成污染。因此，本次调查评价中发现的矿业固体废物超标情况可能会造成或已经造成相应的环境问题，需要在以后的污染治理工作中予以重视。

　　2）酸性废水

　　检测结果表明，存在酸性废水超标的矿山（图斑）共4个。从地域分布来看，这4个存在酸性废水超标的矿山（图斑）位于甘南州卓尼县、武威市古浪县。从矿种类型来看，3 个矿山（图斑）为锑矿，1 个为煤矿。究其成因，大多数金属矿床矿石均以硫化物形式赋存，如方铅矿（PbS）、闪锌矿（ZnS）、黄铜矿（CuFeS$_2$）、辉银矿（Ag$_2$S）、锑矿（Sb$_2$S$_3$）等。同时，非金属矿床中也会伴生一定量的金属硫化物，例如在石煤矿中已发现的伴生元素达 60 多种，有 Fe、V、Mo、P、Ba、Ni、U、Au、Ag 等，这些元素也多以硫化物的形态存在。此类矿山在开采过程中会破坏矿物的还原环境，导致金属硫化矿物处于氧化环境中，并在微生物作用下发生氧化，进而产生含有硫酸根离子、铁和锰等重金属的酸性废水。甘肃省黄河流域历史遗留金属矿床和非金属矿床在开采过程中易形成酸性废水的生成条件，因此，部分历史遗留矿山（图斑）中存在酸性废水。

5.3.2　调查监测区环境质量

（1）分布情况

本次调查评价工作对 763 个历史遗留矿山（图斑）开展调查监测工作。经监测矿山（图斑）选取、布点区域选取、采样点位布设、现场核实定点，本次调查评价工作共设置调查监测区 530 个，共采集农田灌溉水、底泥、农用地土壤样品分别为 473 个、471 个、2 893 个。

从区域分布来看，调查监测区内农田灌溉水、底泥、农用地土壤样品分布在兰州市、白银市、定西市等 9 个市（州），其中，临夏州共布设 1 个调查监测区，采集 5 个农用地土壤样品和 4 个农田灌溉水、底泥样品，全部位于和政县。其余市（州）调查监测区各类样品的分布情况详见表 5-7、图 5-11 至图 5-17。

表 5-7　武威市各县调查监测区及各类样品数量统计表　　单位：个

市	县	调查监测区数量	农田灌溉水、底泥样品数量	农用地土壤样品数量
武威市	古浪县	30	18	181
	天祝县	19	26	84

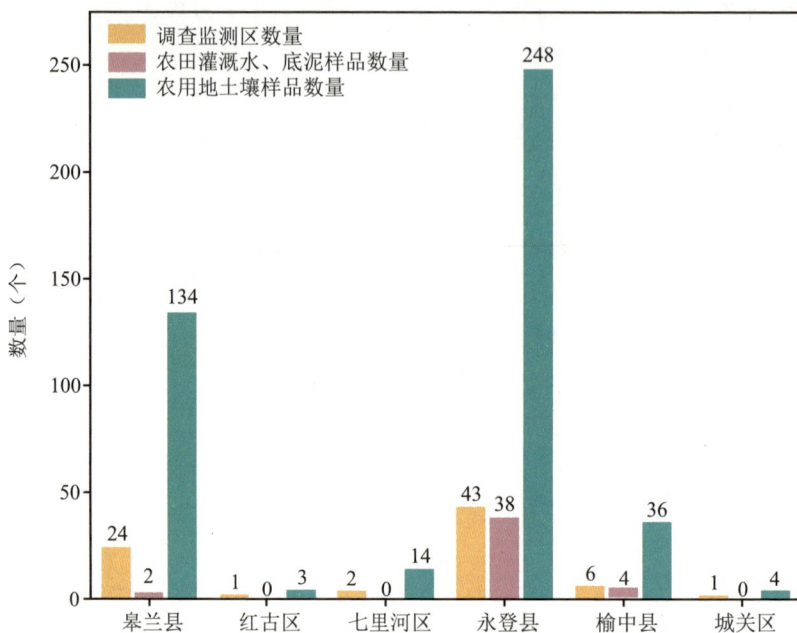

图5-11　兰州市各县(区)调查监测区及各类样品数量统计图

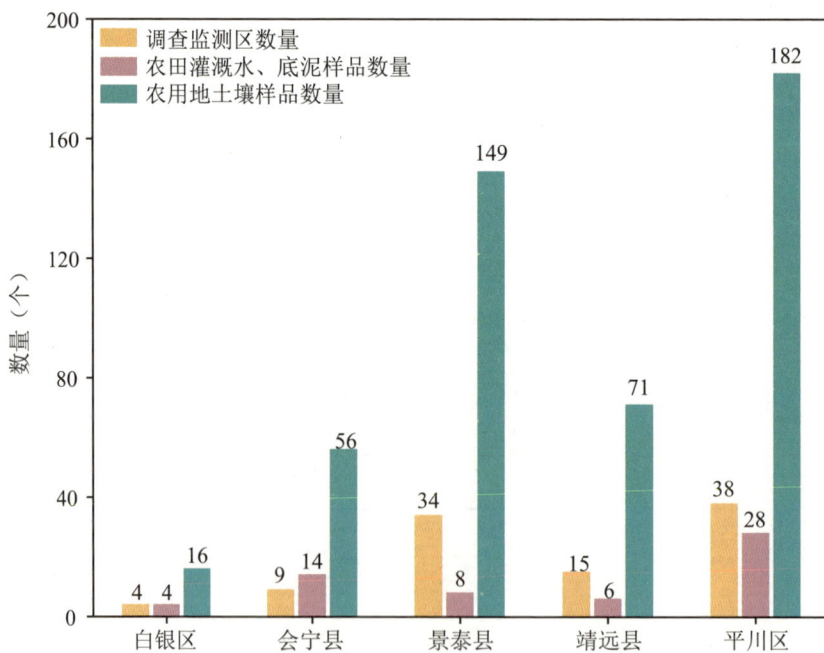

图5-12　白银市各县(区)调查监测区及各类样品数量统计图

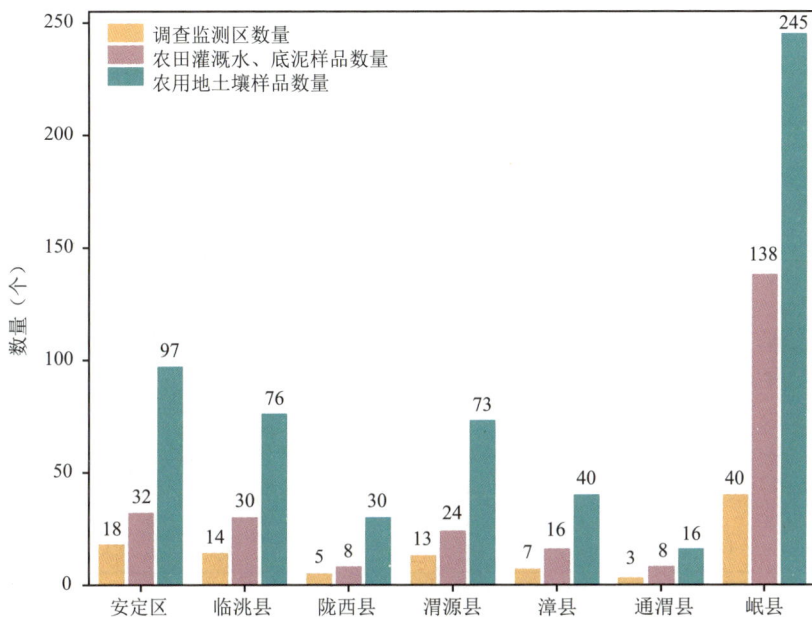

图5-13　定西市各县(区)调查监测区及各类样品数量统计图

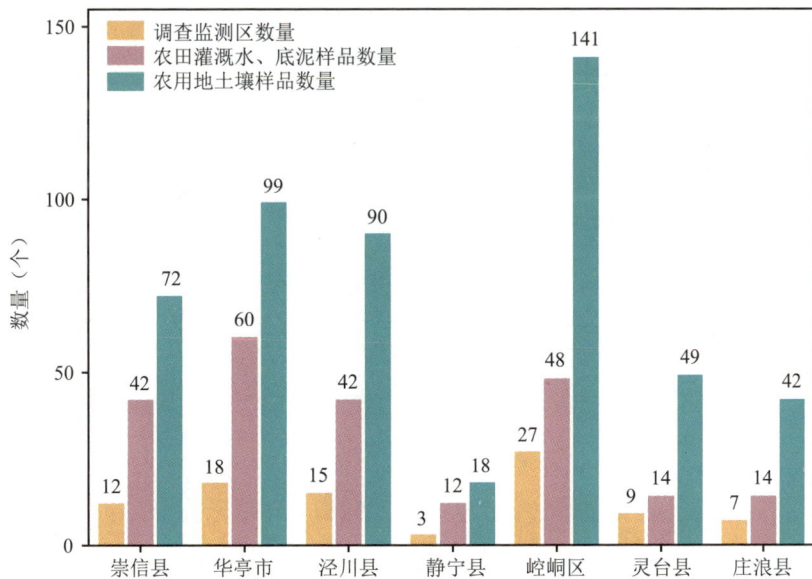

图5-14　平凉市各县(市、区)调查监测区及各类样品数量统计图

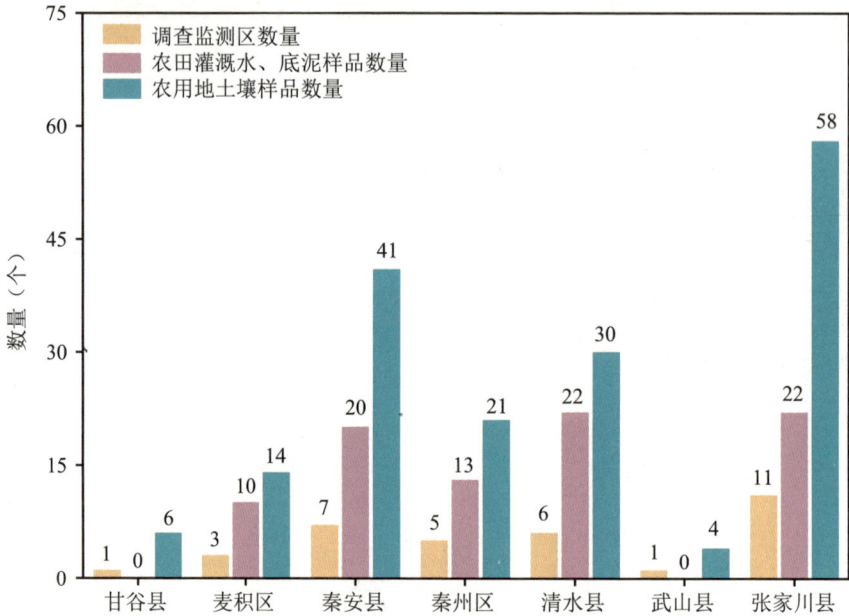

图5-15　天水市各县(区)调查监测区及各类样品数量统计图

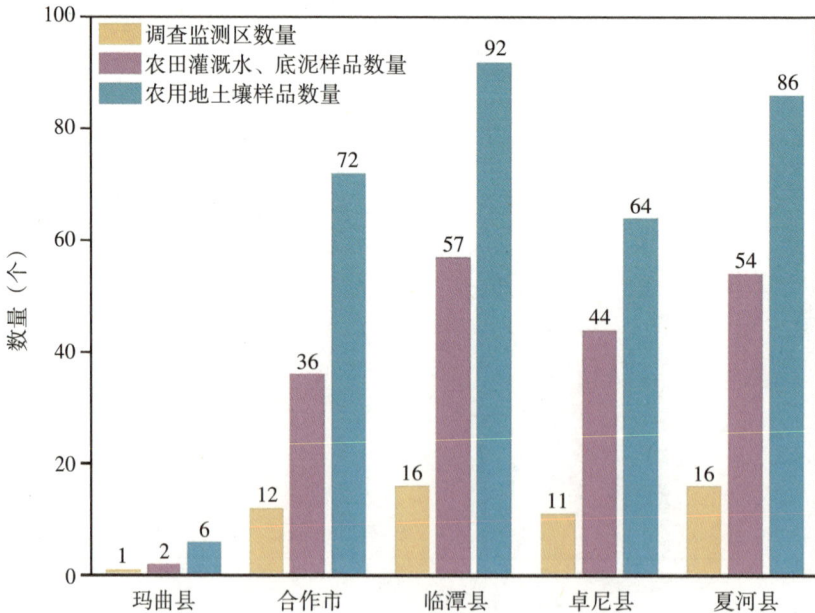

图5-16　甘南州各县(市、区)调查监测区及各类样品数量统计图

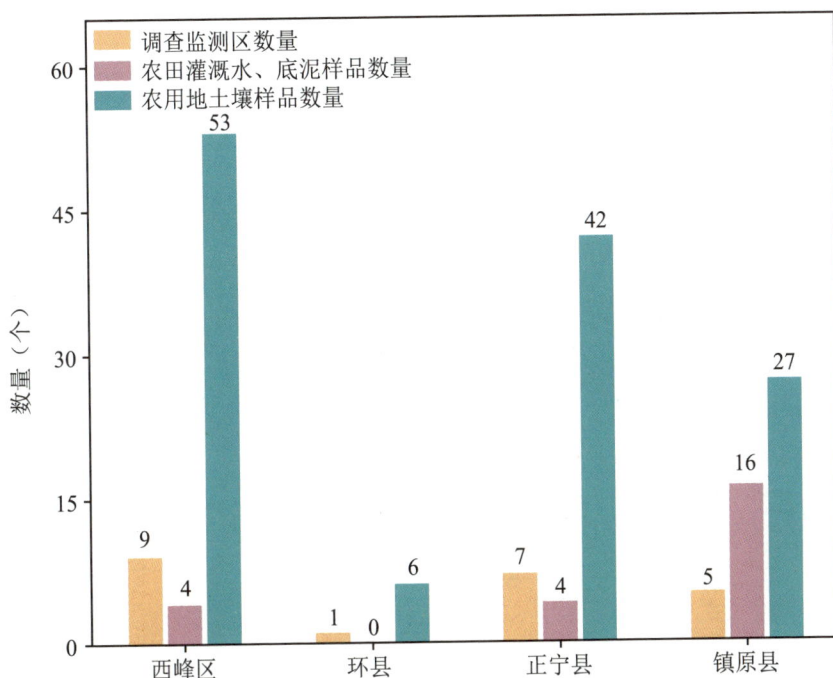

图5-17　庆阳市各县(区)调查监测区及各类样品数量统计图

(2) 超标情况

对763个监测矿山（图斑）的调查监测区环境质量进行分析评价，重点对农田灌溉水、底泥、农用地土壤样品超出浓度限值的情况进行分析。

从矿山（图斑）采样整体情况来看，共采集农田灌溉水样品473个，其中，超出浓度限值的农田灌溉水样品数为42个，占农田灌溉水样品总数的8.88%，主要超标指标为pH。底泥样品总数为471个，其中，超出浓度限值的底泥样品数为80个，占底泥样品总数的16.99%，主要超标指标为砷。农用地土壤样品总数为2 893个，其中，超出筛选值的农用地土壤样品数为166个，占农用地土壤样品总数的5.74%，主要超标指标为砷。

农田灌溉水pH超出浓度限值的样品主要分布在定西市、平凉市、兰州市、武威市（表5-8）。这些区域的地貌类型主要为黄土高原，受环境本底条件影响，地表水系中的无机盐含量较高，导致农田灌溉水水质多呈碱性。农田灌溉水镉超标的样品则主要分布在白银市白银区，这可能与白银市有色金属开采冶炼有关联：矿山开采冶炼产生的重金属通过大气沉降、地表径流等方式进入水体，导致农田灌溉水镉超标。

表5-8　甘肃省各县(市、区)农田灌溉水超标样品数量统计表

地市	县(市、区)	pH	镉	汞	砷	铅	六价铬	铜	锌	镍
定西市	岷县	14	—	—	—	—	—	—	—	—
	渭源县	5	—	—	—	—	—	—	—	—
	临洮县	4	—	—	—	—	—	—	—	—
	陇西县	2	—	—	—	—	—	—	—	—
白银市	白银区	—	2	—	—	—	—	—	—	—
兰州市	永登县	2	—	—	—	—	—	—	—	—
平凉市	华亭市	7	—	—	—	—	—	—	—	—
	泾川县	1	—	—	—	—	—	—	—	—
	静宁县	1	—	—	—	—	—	—	—	—
	灵台县	1	—	—	—	—	—	—	—	—
	庄浪县	1	—	—	—	—	—	—	—	—
武威市	古浪县	2	—	—	—	—	—	—	—	—

　　底泥超标样品主要分布在定西市岷县、临夏州和政县、武威市天祝县，以及甘南州、天水市和白银市的部分县（市、区），超标指标包括镉、砷、铅、铜、锌，具体分布及超标情况见表5-9、图5-18。结合现场查勘初步判断，这可能是在矿区开采过程中和开采后未采取合理有效的污染防治措施，导致尾矿、废渣等污染物在淋滤作用、氧化作用、重力下渗作用的综合影响下发生迁移，进入底泥中，导致底泥重金属含量超标。

表5-9　甘肃省各县(市、区)底泥超标样品数量统计表

市(州)	县(市、区)	镉	汞	砷	铅	铬	铜	锌	镍
定西市	岷县	1	—	21					—
甘南州	夏河县		—	17				1	—
	合作市		—	12					
	临潭县			9					
	卓尼县	2		5	2			1	

市(州)	县(市、区)	镉	汞	砷	铅	铬	铜	锌	镍
天水市	麦积区	1	—	—		—			—
	清水县	—		2					
	秦州区	—		2					
白银市	白银区	2	—	2	2	—	2	2	
	平川区	—		1		—			—
临夏州	和政县	—		2		—	1		—
武威市	天祝县	—		1		—			—

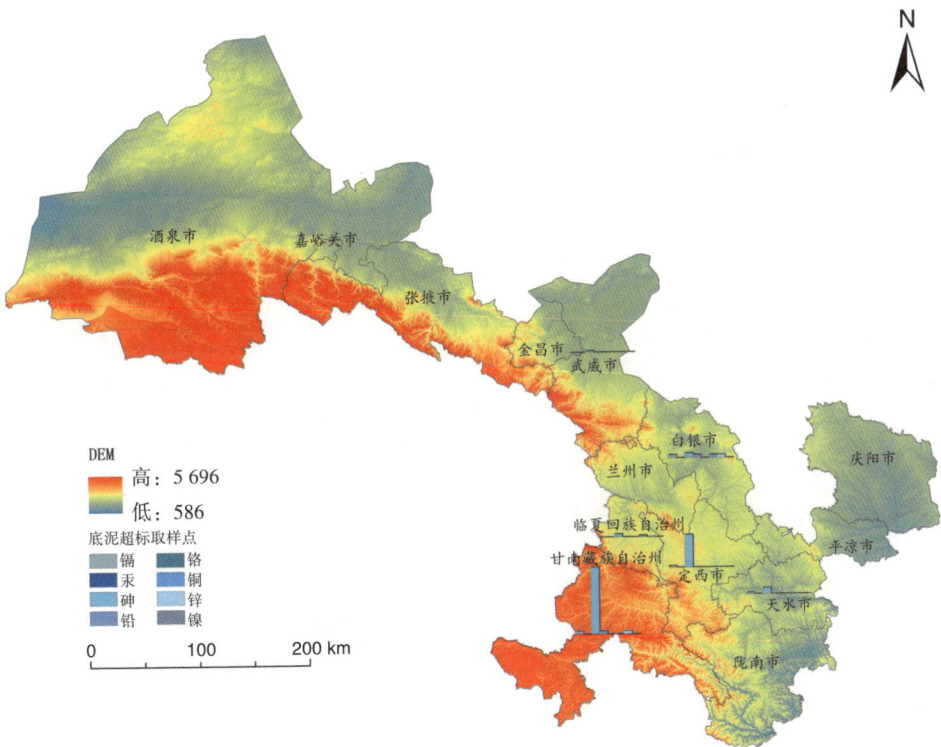

图5-18　甘肃省各市(州)底泥超标样品分布图

注：该图基于国家地理信息公共服务平台公布的审图号为GS（2024）0650号的标准地图制作，地图无修改。

农用地土壤超筛选值样品主要分布在白银市、定西市、甘南州、兰州市、临夏州、平凉市、天水市、武威市的部分县（市、区），具体分布及超标情况见表5-10、图5-19。从超筛选值指标来看，主要为镉、砷、铅、铜、锌、镍等。结合现场查勘初步判断，这可能是矿区及周围矿业固体废物散乱堆放，加之未合理设置防扬散、防流失、防渗流等措施，在风力侵蚀、地表径流等作用下，重金属等污染物进入土壤，导致土壤重金属含量超筛选值。

表5-10   甘肃省各县(市、区)农用地土壤超筛选值样品数量统计表

市(州)	县(市、区)	镉	汞	砷	铅	铬	铜	锌	镍
白银市	白银区	14	—	7	6	—	6	6	—
	会宁县	—	—	—	—	—	—	1	—
	景泰县	1	—	2	—	—	—	1	—
	靖远县	1	—	6	—	—	—	—	—
	平川区	—	—	5	—	—	—	—	—
定西市	岷县	13	—	37	1	—	1	—	—
	临洮县	2	—	6	—	—	—	—	—
	漳县	1	—	4	—	—	—	—	—
	安定区	1	—	1	—	—	—	—	—
	陇西县	1	—	—	—	—	—	—	—
甘南州	合作市	—	—	11	—	—	1	—	—
	夏河县	1	—	11	—	—	—	—	—
	临潭县	—	—	5	—	—	—	—	—
	卓尼县	—	—	3	1	—	—	—	—
兰州市	皋兰县	6	—	3	—	—	—	—	—
	永登县	—	—	1	—	—	—	—	—
临夏州	和政县	—	—	1	—	—	—	—	—
平凉市	静宁县	—	—	3	—	—	—	—	—
	庄浪县	1	—	—	—	—	—	—	—

市(州)	县(市、区)	镉	汞	砷	铅	铬	铜	锌	镍
天水市	秦州区	2	—	5	1	—	1	1	—
	清水县	—	—	2	—	—	3	—	—
	麦积区	—	—	—	—	—	—	—	1
	张家川县	—	—	1	—	—	2	—	—
武威市	古浪县	3	—	—	—	—	—	—	—
	天祝县	5	—	1	—	—	—	—	—

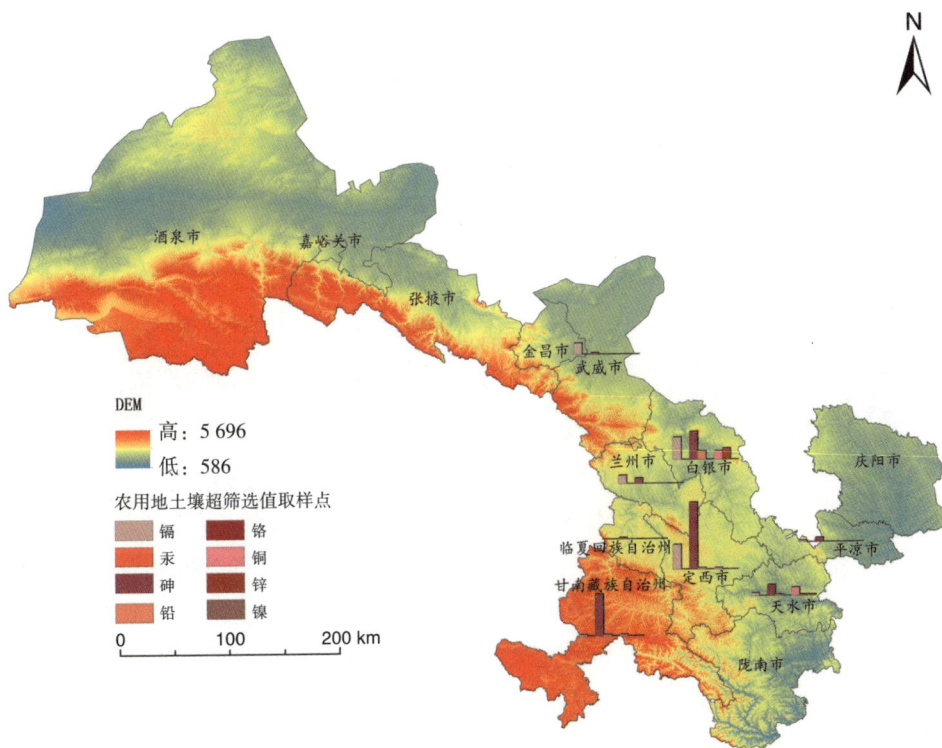

图5–19　甘肃省各市(州)农用地土壤超筛选值样品分布图

注：该图基于国家地理信息公共服务平台公布的审图号为 GS（2024）0650 号的标准地图制作，地图无修改。

5.3.3　矿山污染问题分析

在矿山（图斑）污染状况调查中，基于"源–汇"理论分析污染物的来源与去向，阐明矿山（图斑）污染问题。

（1）典型矿山污染成因分析

1）金属矿山

检测分析发现，金属矿中的金矿、锑矿存在矿业固体废物、底泥或农用地土壤超筛选值的情况。其中，矿业固体废物超标指标主要为 pH、砷、硫化物；底泥超标指标为砷；农用地土壤超筛选值指标为镉、砷。此类矿山（图斑）均存在砷污染状况。

砷矿资源主要以伴生砷矿赋存于有色多金属矿床中，含砷有色多金属矿床的采、选、冶加工等是砷污染的主要来源。大量堆积的含砷废石、尾矿在氧化和淋滤溶解作用下，对矿区下游水体、农田造成不同程度的污染危害。结合现场查勘发现，砷超标的采样点上游矿山（图斑）均无防扬散等污染防治措施，因此，扩散途径可能也包括通过大气扬尘扩散；矿山尾矿颗粒极细，当尾矿干燥无覆盖时，会随风向下游传播。在尾矿颗粒的运移过程中，风速降低或发生降雨导致尾矿颗粒沉积，会将砷等污染物带入下游底泥和农用地土壤，经常年积累，致使下游底泥和农用地土壤出现砷超出浓度限值的现象。

2）非金属矿山

检测分析发现，非金属矿山（图斑）中的部分建筑用砂、砖瓦用黏土等矿山（图斑）存在农田灌溉水 pH 超标（水质偏碱性）的情况，主要分布在武威市古浪县，定西市岷县、临洮县、渭源县和陇西县。结合现场查勘和资料收集发现，此类区域的地表水和地下水含盐量普遍较高，这可能是导致该地区农田灌溉水水质偏碱性的原因之一。加之风力侵蚀和雨水冲刷导致采矿废渣等进入灌溉水系，也会使该地区农田灌溉水水质偏碱性。

此外，部分非金属矿山（图斑）（建筑用砂岩、陶瓷土、建筑石料用灰岩、白云岩、石灰岩）仅存在农用地土壤超筛选值的情况。究其成因，甘肃省农用地灌溉水主要包括地表水、地下水、天然降水、黄河引水、水库等，但在现场查勘中发现存在上游尾矿等通过雨水冲刷、大气沉降等方式进入灌溉水系的情况，从而导致农用地土壤重金属含量超筛选值，造成农用地污染。

(2) 单矿山污染成因分析

在763个监测矿山（图斑）中，选取污染等级为"Ⅰ级（严重）"的矿山（图斑），根据其矿种类型，选择具有代表性的矿山（图斑）进行污染成因分析。

1）建筑石料用灰岩矿山

以位于白银市白银区、矿种类型为建筑石料用灰岩的一个矿山为例，该矿山（图斑）农用地土壤镉、砷、铅、铜、锌超筛选值。结合现场查勘发现，农用地土壤重金属污染可能与上游砂金矿有关。同时，该矿山（图斑）与白银市主城区距离相对较近，生活源、交通源污染物易通过大气沉降、灌溉、径流等途径进入土壤，不断积累，最终形成重金属污染（图5-20）。

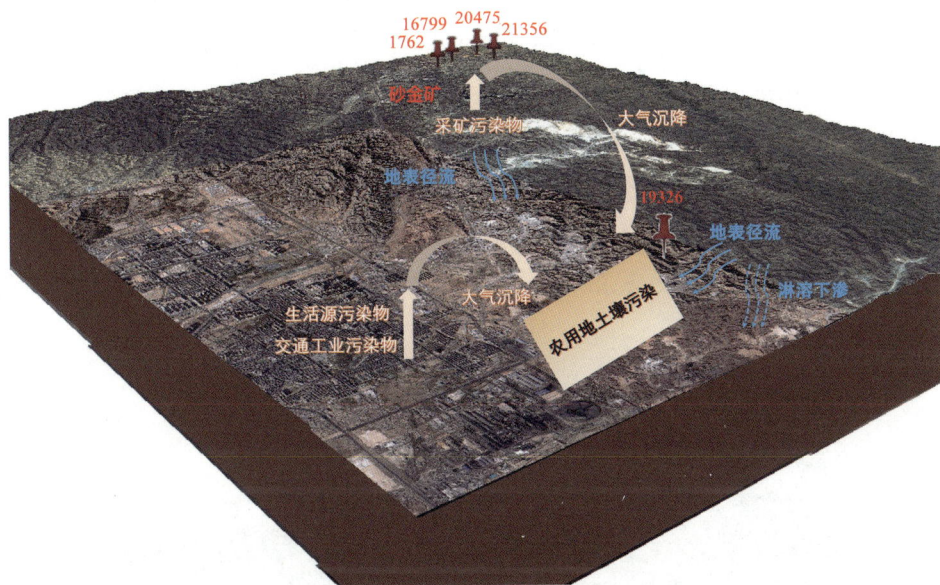

图5-20 建筑石料用灰岩矿山"源-汇"分析

2）建筑用砂矿山

以位于定西市岷县、矿种类型为建筑用砂的一个矿山为例，该矿山（图斑）农田灌溉水pH超标（水质偏碱性）。结合现场查勘发现，该区域邻近居民生活区，并且上游存在矿业固体废物。居民生活废水、矿业固体废物随地表径流进入灌溉水系，导致灌溉水水质偏碱性（图5-21）。同时，由于降水量偏少和特殊的地质环境，该区域地表水和地下水含盐量普遍较高，这也是导致灌溉水水质偏碱性的原因之一。

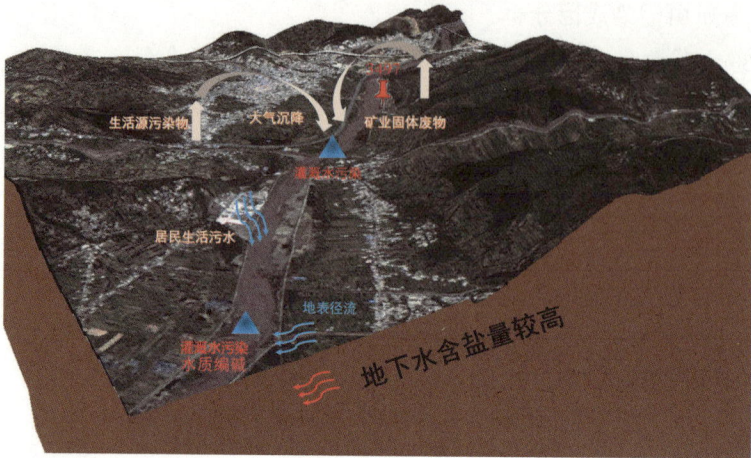

图5-21　建筑用砂矿山"源-汇"分析

3）建筑用砂岩矿山

以位于武威市古浪县、矿种类型为建筑用砂岩的一个矿山为例，该矿山（图斑）灌溉水pH超标（水质偏碱性）。结合现场查勘发现，该区域上游存在工矿企业（水泥厂）和矿业固体废物，并且邻近居民生活区，灌溉水水质偏碱性的原因可能与水泥厂生产废水、矿业固体废物流失、居民生活废水排放及环境本底值相关（图5-22）。

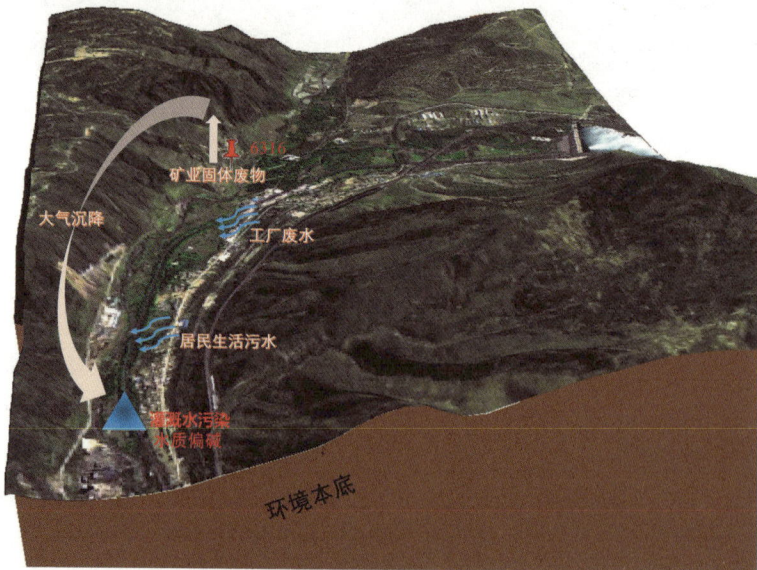

图5-22　建筑用砂岩矿山"源-汇"分析

4）煤矿矿山

以位于武威市古浪县、矿种类型为煤的一个矿山为例，该矿山（图斑）酸性废水现有存量较大，为 0.55 万 t。究其成因，煤矿开采过程中会产生大量煤矸石和煤层围岩，其中的金属硫化物与外界氧气接触后，在水和硫化细菌的共同作用下逐渐形成煤矿区的酸性废水（图 5-23）。

图 5-23　煤矿矿山"源–汇"分析

5）砂金矿山

以位于武威市天祝县、矿种类型为砂金的一个矿山为例，该矿山（图斑）农用地土壤镉超筛选值，底泥砷超标。结合现场查勘发现，该区域上下游无其他矿山（图斑），并且附近无居民居住，因此，农用地土壤镉超筛选值、底泥砷超标可能与该矿山（图斑）有较大关系。究其成因，砂金矿在水力淘洗等过程中产生的尾矿石伴生大量重金属，经风化淋滤后，重金属经地表径流运输迁移，不断积累，最终形成重金属污染（图 5-24）。

6）锑矿矿山

以位于甘南州卓尼县、矿种类型为锑矿的一个矿山为例，该矿山（图斑）酸性废水现有存量为 0.005 万 t，底泥砷超标。结合现场查勘发现，该区域附近存在多个锑矿，锑矿尾矿污染物经风化淋滤、地表径流、入渗等方式运输迁移，对区域底泥造成污染。此外，金属矿体中往往伴生多种硫化物，硫化物与氧气和水接触后氧化形成酸性废水（图 5-25）。

图5-24　砂金矿山"源-汇"分析

图5-25　锑矿矿山"源-汇"分析

7）砖瓦用黏土矿山

以位于平凉市华亭市、矿种类型为砖瓦用黏土的一个矿山为例，该矿山（图斑）农田灌溉水pH超标（水质偏碱性）。究其成因，该矿山（图斑）邻近居民生活区，农田灌溉水pH超标可能与生活源污染物相关。此外，考虑到马莲河、祖厉河、葫芦河（渭河水系）等黄河流域的地表水和地下水普遍含盐量较高，因此，农田灌溉水pH超标可能也与当地环境本底值相关（图5-26）。

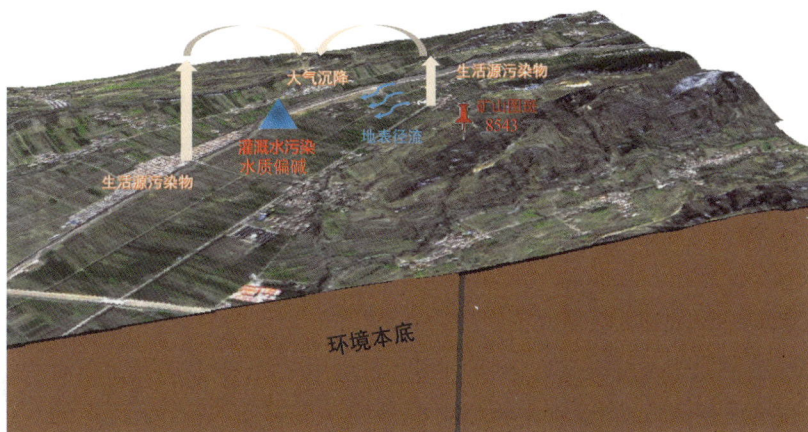

图 5-26　砖瓦用黏土矿山"源-汇"分析

8）其他矿种矿山

以位于平凉市静宁县、矿种类型为其他矿产的一个矿山为例，该矿山（图斑）农用地土壤砷超筛选值，农田灌溉水 pH 超标（水质偏碱性）。结合现场查勘发现，该矿山（图斑）邻近居民生活区和国道，因此，农用地土壤砷超筛选值也可能与生活源、交通源污染物扩散相关，农田灌溉水 pH 超标可能与上述污染源及当地环境本底值相关（图 5-27）。

图 5-27　其他矿种矿山污染物"源-汇"分析

（3）典型区域污染问题分析

1）矿业固体废物污染

在矿业固体废物污染方面，以定西市岷县为例进行污染问题分析。从检测结果来看，岷县矿业固体废物主要存在硫化物超标问题。究其成因，岷县矿山（图斑）的矿种类型以金属矿为主，并且多数金属矿床矿石均以硫化物形式赋存。这主要是由于此类尾矿中的硫化物易氧化产生 H^+ 和 SO_4^{2-}，可能会诱发土壤酸化，加剧盐基阳离子淋溶和土壤板结，并抑制有机质分解，从而导致农田土壤质量退化。同时，强酸条件会活化产生大量毒性金属离子，破坏土壤微生态，作物吸收后会影响食物链安全。矿业固体废物的硫化物可能通过大气沉降、灌溉、地表径流等不同途径进入环境介质，从而引发环境污染问题。

2）酸性废水污染

一般来说，采、选、冶产生的废液及废石和尾矿等固体废物堆积会产生淋滤酸水，而酸性废水浸滤出的大量有毒有害重金属离子会随着酸水进入地表和地下水系，对矿区及其周边的生态环境造成威胁。整体来看，甘肃省黄河流域存在酸性废水的历史遗留矿山（图斑）数量较少，究其原因，可能与甘肃省的自然环境特征有关。甘肃省属于西北干旱、半干旱区，天然少水，较难达到酸性废水的生成条件。另外，甘肃省土壤大多属第四纪黄土，由于粉砂和黏土透水性强、含水量小，具备较好的渗透条件，雨水极易下渗、不易存储，不利于酸性废水生成。因此，甘肃省黄河流域历史遗留矿山（图斑）的酸性废水污染问题较轻，虽说如此，仍应对酸性废水存量较大的矿山（图斑）予以重点关注。

3）农田灌溉水污染

在农田灌溉水污染方面，全省473个农田灌溉水样品的各测试项中，超标的样品有42个（包括pH超标样品40个，镉超标样品2个）。其中，定西市岷县采集的69个农田灌溉水样品中有14个样品pH超标，超标率达20.29%。因此，以定西市岷县为例进行污染问题分析。岷县农田灌溉水主要存在pH超标的污染问题，可能有污染源和环境本底条件两方面原因。在污染源方面，经现场查勘，pH超标的农田灌溉水采样点上游多存在矿业固体废物，并且无防扬散、防流失、防渗流等措施，因此，经地表径流造成矿业固体废物流失，外加风力侵蚀和雨水冲刷作用，尾矿、废渣进入灌溉水系，导致农田灌溉水pH超标。在环境本底方面，据统计，甘肃省矿化度大于2 000 mg/L的地表苦咸水资源量达6.57亿 m^3，全部分布在黄河流域，占黄河流域自产水资源量的5.25%，特别是马莲河、祖厉河、葫芦河（渭河水系）等流域的地表水和地下水普遍含盐量较高，导致灌溉水 pH 超标。

4）底泥污染

在底泥污染方面，以定西市岷县为例进行污染问题分析。从检测结果来看，岷县底泥存在镉、砷超标情况，矿种类型分别为金矿和砂金矿，均为露天开采，并且在矿区周围未设置防扬散、防流失、防渗流等措施。与农田灌溉水污染途径类似，随着矿山（图斑）的开采、运输、选冶，该地区会产生大量的废矿石、尾矿砂等废弃物，在生物化学相关作用下，这些废弃物释放出重金属元素，再经地表径流或地下径流的运输迁移，对区域的地表水或地下水系造成污染。

5）农用地土壤污染

在农用地土壤污染方面，以定西市岷县为例进行污染问题分析。从检测结果来看，岷县农用地土壤主要存在镉、砷、铅、铜等重金属超筛选值情况，这可能与岷县的矿种类型相关。岷县的矿种类型以金矿为主，伴生铜、锌、铅等金属。一般来说，此类金属元素广泛分布于自然界中，在某种特定的条件下累积形成矿产，但伴随着矿产的开发利用，富集在地表以下的元素被开采出地表，并在地表发生迁移和沉积，导致重金属进入土壤、水体和大气环境，引发环境污染问题。此外，在调查范围内也存在上游尾矿、废渣等通过雨水冲刷、大气沉降等方式进入灌溉水系的情况，导致农用地土壤重金属超筛选值。

（4）典型区域污染溯源分析

为进一步明确污染成因，基于"源-汇"理论，以定西市岷县为例，选定典型矿山（图斑）的上游区域和下游区域，采用主成分分析法识别上游区域和下游区域土壤重金属污染的主要来源。

1）重金属污染特征

矿业固体废物的汞、六价铬、铜、锌均值表现为上游高于下游，而砷、氟化物、硫化物均值表现为下游高于上游。农用地土壤中镉、汞、砷、铬、铜、镍均值表现为下游高于上游，而铅、锌均值表现为上游高于下游。这可能是由于农用地土壤重金属含量受自然条件和矿业活动等多重因素影响，并且上下游均存在矿业活动史，不同类型的尾矿可能对环境介质产生不同影响，因此，整体上重金属含量在上下游区域的特征明显。

依据《土壤环境质量　农用地土壤污染风险管控标准（试行）》（GB 15618—2018），上游农用地土壤重金属含量均未超过风险筛选值，而下游农用地土壤重金属镉和砷的含量超出风险筛选值的面积比例分别为6.67%、33.33%，说明镉和砷在人类活动的长期干扰下，累积程度相对较高，可能对区域土壤环境及农产品安全产生潜在危害。

2）土壤重金属源解析

为进一步明确污染成因，采用主成分分析法识别上游区域和下游区域土壤重金属污染的主要来源。

从上游农用地土壤中提取出了3个特征值大于1的主成分（PCs），累积解释总变量方差的71.84%。其中，第一主成分（PC1）的方差贡献率为36.41%，主要成分载荷包括镉、铅、锌。考虑到上游矿种类型为金矿，开矿过程中产生的废石、尾矿中伴生铅、锌的含量大，尾矿堆中的此类金属可通过地表径流、雨水淋滤、大气沉降等方式进入农用地土壤，因此，第一主成分可能代表了上游废矿区尾矿等人为来源。第二主成分（PC2）的主要成分载荷包括铬、铜。有研究表明，铬亦为交通源重金属，汽车尾气排放、橡胶轮胎磨损、机动车机件磨损、汽车散热器磨损、沥青或水泥路面磨损等均是交通过程中铬的主要来源。考虑到原矿山开采涉及大型车辆运输且临近国道，因此，交通活动可能会产生较大影响。同时，铬也是部分肥料中含量较高的重金属，故推测铬可能来源于交通和农业活动。第三主成分（PC3）的主要成分载荷包括汞、砷、镍，推测其主要受原矿山开采的影响。矿区开采致使土壤遭到破坏，地表径流可能导致矿区开采产生的废水、废渣等在淋溶作用下渗至土壤中造成土壤污染。因此，第三主成分可能代表了上游尾矿等人为来源。

从下游农用地土壤中提取出了4个特征值大于1的主成分，累积解释总变量方差的77.34%。其中，第一主成分的方差贡献率为29.78%，主要成分载荷包括铜、铅、镍。铜、铅、镍高值区主要分布在矿山及其下游，并且下游土壤中铜和镍的含量高于上游，这可能是二次选矿活动所致。二次选矿导致尾矿粒径更小，细矿渣比废矿区尾矿较粗的矿石更容易分散到环境中，导致尾矿堆周边及其下游区域受到影响。因此，第一主成分可能代表了下游尾矿。第二主成分的方差贡献率为19.51%，主要成分载荷包括砷、铬、镉。上游废矿区尾矿堆地势较高，重金属元素可能随地表径流从上游迁移至下游，形成一定累积，导致下游农用地土壤中砷、铬、镉含量较上游高。因此，第二主成分可能代表了上游尾矿。第三主成分的方差贡献率为15.10%，主要成分载荷包括汞，第四主成分（PC4）的方差贡献率为12.95%，主要成分载荷包括锌，推测它们的分布情况主要受上游尾矿影响，因此，认为第三主成分和第四主成分可能代表了上游尾矿。

基于主成分分析结果可以推测，上游区域土壤重金属污染来源可能为上游尾矿、交通和农业活动，下游区域土壤重金属污染来源可能为下游尾矿和上游尾矿的共同作用。

3）固体废物–土壤重金属含量相关性分析

为进一步论证农用地土壤重金属来源，选取一定量图斑作为案例，基于现场查勘测定的矿石重金属含量或其他元素含量，利用 Spearman 相关性分析判断农用地土壤重金属来源。

对 8 种重金属元素进行 Spearman 相关性分析，结果显示"锌–锌"之间呈极显著相关性，表明固体废物中锌含量对农用地土壤中锌含量有显著影响。此外，"砷–铜""砷–锌""铅–镉""锌–铜"之间也呈显著相关性。究其成因，上游、下游区域的矿种类型大多为金属矿，金属元素一般以硫化物矿物形式存在。这些矿床在开采过程中会产生含有铅、砷、铜、锌等金属硫化物矿物的尾矿废石，这些尾矿废石在地表环境中极易氧化，使金属元素活化以离子形态随地表水迁移到矿区周边的农用地土壤，长时间的重金属累积效应导致土壤中的重金属含量超筛选值。

第6章　矿山生态环境问题综合评价

不同管理部门因其职责不同，对矿山生态环境问题的关注点有所不同。自然资源部门主要关注矿山开采造成的地质安全隐患、自然景观破坏、资源损毁等，林草部门主要关注植被破坏情况，生态部门则更关注矿山造成的水土环境污染等问题。为了发挥专业优势，在进行实际调查评价工作时，往往将矿山生态环境问题分为矿山生态破坏、植被破坏、环境污染3个方面，分别进行调查评价。然而，矿山生态环境是个复杂的系统工程，各子系统之间相互联系、相互影响，矿山生态环境要恢复治理就必须系统修复、综合治理，因此，有必要对矿山生态环境问题进行综合评价，以指导矿山生态环境的系统化修复。

6.1　矿山生态环境问题评价方法研究

6.1.1　综合评价理论

综合评价的基本思想是将多个指标转化为一个能够反映综合情况的指标来进行评价，因此，综合评价又称为多变量综合评价。综合评价广泛存在于经济、管理、社会等各个领域，如质量评估、资源分配、人才考核、产业部门发展排序、项目评估、方案优选、投资决策、经济效益综合评价等，因此，综合评价理论及方法有着广阔的应用前景。

一套完整的综合评价体系包括5个要素：

（1）评价者

评价者是综合评价的操作者，可以是一个人或一个团体。评价者确定被评价对象和评价目的，建立评价指标体系，确定权重系数，选择综合评价模型，因此，评价者在评价过程中的作用是不可被轻视的。

（2）被评价对象

随着综合评价技术的发展，综合评价的领域也从经济统计方面拓展到后来的技术水平、生活质量、小康水平、社会发展、环境质量、竞争能力、综合国力、绩效考评等方面，这些都能构成被评价对象。

（3）评价指标体系

评价指标体系从多个视角和层次反映被评价对象的数量规模与数量水平。

（4）权重系数

权重系数是刻画评价指标对特定评价目的相对重要性的参数。

（5）综合评价模型

综合评价就是将多个评价指标值"合成"为一个整体性的综合评价值。

进行综合评价的步骤通常为：

①确定综合评价指标体系，这是综合评价的基础和依据。

②收集整理数据，对不同计量单位的指标数据进行统一度量。

③确定评价指标体系中各指标的权重，以保证综合评价的科学性。

④对处理后的指标再进行汇总计算，得到综合评价指数。

⑤根据综合评价指数对被评价对象进行排序，并由此得出结论。

6.1.2 综合评价原则

矿山生态环境是一个多成分的开放系统，它与人类活动紧密相关。因为不同影响的因子通过不同的方式作用于矿山环境，并且程度不同，所以矿山生态环境问题评价是一项复杂的、模糊的系统性工程。开展矿山生态环境问题综合评价时，应该根据研究区的实际情况，考虑多要素的综合特点及不同要素自身的特点，筛选出具有代表性的因子作为评价指标，建立相应的评价指标体系，这样才能对矿山生态环境问题的严重程度做出科学的、正确的判断，并且得到兼具可比性与客观性的评价。要建立一套规范的、科学的综合评价指标体系，评价因子应遵循以下选取原则：

（1）科学性原则

这是确保评价结果准确合理的基础，矿山生态环境问题评价是否科学在很大程度上依赖其指标、方法是否科学。指标体系的科学性包括3个方面，即特征性、准确一致性和完备性。

（2）可操作性原则

指标体系中各属性因子来源于矿山生态环境调查的量化指标，对缺乏定量数据的因子，采取定性描述、相对比较赋值的方法进行量化。

（3）可比性原则

指标体系应具有横向可比性和纵向连续性，要尽可能采用相对属性，这有利于反映对象之间在规模上的差异，也应选取一些绝对属性，这有利于对不同对象进行对比，在更大的范围内进行矿山生态环境问题的研究与评价，从而掌握矿山生态环境的变化趋势。

（4）相对独立性原则

选择评价指标时尽量避免指标间信息量的重复，尽可能选择具有相对独立性的指标。

6.1.3　综合评价方法

（1）综合指数法

综合指数法是在确定了一套合理的单项指标体系的基础上，对各单项指标指数加权平均得到综合指数值，将综合指数值作为评价研究对象各项指标标准的一种方法。一般而言，综合指数值越大，效果越好。

综合指数法的模型如下：

$$F = \sum_{i=1}^{n} F_i W_i \qquad (6-1)$$

式中：F——评价对象的综合指数值；

F_i——每一要素中各指标评定分值；

W_i——各指标权值；

n——各要素指标个数。

综合指数法是在一套单项指标体系的基础上对各项指标进行加权求和，使用该方法可以达到对多项指标指数的综合，便于对研究对象进行综合分析。单项指标指数具有可比较性和合理的权重是综合指数法取得良好效果的前提，一般可以用模糊数学构建单项指标指数，再用层次分析法确定各项的权重。

（2）层次分析法

层次分析法是由美国运筹学家、匹兹堡大学的萨迪（T. L. Saaty）教授在20世纪70年代初提出的，是整理和综合人们主观判断的客观分析方法，是解决多目标复杂问题的定性与定量相结合的一种决策分析方法。该方法将定量分析与定性分析结合起来，用决策者的经验判断各衡量目标能否实现的标准之间的相对重要程度，并合理地给出每个决策方案的每个标准的权重，利用权重求出各方案的优劣次序，比较有效地应用于那些难以用定量方法解决的课题。层次分析法根据问题的性质和要达到的总目标，将问题分解为不同的组成因素，并按照因素间的相互关联影响及隶属关系将因素按不同层次聚集组合，形成一个多层次的分析结构模型，最终使问题归结为最低层（供决策的方案、措施等）相对于最高层（总目标）的相对重要权值的确定或相对优劣次序的排定。运用层次分析法构造系统模型时，大体可以分为以下5个步骤：

①分析问题。确定目标和因素，通过对系统的认识，确定出该系统的总目标，明确决策问题所涉及的范围、所要采取的措施方案、实现目标的准则、策略和各种约束条件等，广泛收集信息。

②建立层次结构。按目标的不同和功能的差异，将系统分为几个等级层次，一般问题的层次结构分为目标层、准则层和措施层这3层。最高层为目标层，指问题决策的目标或理想结果，目标层只有一个元素；中间层为准则层，用于表示为实现目标所涉及的中间环节的各因素，每一因素为一准则，当准则多于9个时可分为若干个子层；最低层为措施层，是为实现目标而提供选择的各种措施，即决策方案。一般说来，各层次之间的各因素有的相关联，有的不一定相关联，各层次的因素个数也未必一定相同。实际中，主要是根据问题的性质和各相关因素的类别来确定。

③两两比较，构造判断矩阵并求解权向量。构造判断矩阵主要是为了比较同一层次上的各因素对上一层相关因素的影响作用，即将同一层的各因素进行两两对比，而不是把所有因素放在一起比较。比较时通常采用相对尺度标准度量，以避免不同性质的因素之间相互比较的困难，同时要尽量依据实际问题的具体情况，减少决策人的主观因素对结果造成的影响。

④一致性检验。一致性检验的目的是避免其他因素对判断矩阵构成干扰，以此来保证构造矩阵排序时的准确性。

⑤层次排序。将各层元素对系统目标的权重进行合成，按照合成权重进行总排序，以确定结构图中最低层的各个元素在总目标中的重要程度。这一过程称为层次总排序，一般是从最高层到最低层逐层进行的。

（3）模糊综合评价法

1965年，美国自动控制专家查德（L. A. Zadeh）教授提出了模糊数学的概念。之后，模糊数学广泛应用于机械、交通、医疗、图像、市场、建筑、环境、水利等众多领域。

模糊综合评价法可对涉及模糊因素的对象进行综合评价，广泛应用于经济、社会等领域。实际中的许多问题往往涉及多因素，此时，可将诸因素分为若干个层次进行研究，即首先分别对单层次的各因素进行评判，然后再对所有的各层次因素做综合评判。模糊综合评价法中隶属函数的确定目前还没有系统的方法，合成算法也有待进一步探讨，一般都需要根据具体综合评价问题的目的、要求及其特点，从中选取合适的隶属函数和算法，使所做的评价更加客观、科学和有针对性。

（4）人工神经网络评价法

人工神经网络（artificial neural network，ANN）是20世纪80年代以来人造智能领域的热点。它是由大量连接的节点（或神经元）组成的非线性动态系统，每个节点表示一个特定的输出函数，称为激活函数（activation function）。每两个节点之间的连接表示连接信号的加权值，其称为权重，这等效于人造神经网络的存储器。网络的输出则根据网络的连接方式、权重值和激励函数的不同而不同，而网络本身通常是一种自然的算法或近似函数，它可能是一种逻辑上的表达策略。人工神经网络集生物学、神经学、信息学、数理学及计算机科学等学科为一体，是一种新兴交叉学科。随着人工智能的发展，人工神经网络也逐渐被应用于各个领域。基于人工神经网络的矿山地质环境评价实质上是智能学习的过程，即利用矿山地质环境实测数据进行样本训练，以得到最优评价结果。

（5）灰局势评判法

人们通常用颜色的深浅来形容信息的明确程度。"白"表示信息完全明确，"黑"表示信息未知，"灰"则表示信息部分明确、部分不明确。因此，灰色系统是介于信息完全明确的白色系统和未知的黑色系统之间的中间系统。矿山地质环境是一个包含众多因素的系统，它所隐含的参数及时空分布部分已知、部分未知，因此，矿山地质环境整体上是一个灰色系统。灰局势评判法的原理就是利用已知数据确定未知信息，从而对矿山地质环境进行综合评价。

6.2　矿山生态环境问题综合评价模型

6.2.1　指标体系建立

根据矿山生态环境破坏的主要方面，选取影响程度突出的指标进行评价，构建矿山生态环境评价指标体系（详见图6-1），包括3个层次：

（1）目标层

矿山生态环境评价。

（2）准则层

包括矿山生态破坏基本状况、矿山植被破坏、矿山污染状况3个要素。

（3）措施层

每一要素包括若干个指标，一个指标又可用一个或若干个因子表征，其中：矿山生态破坏基本状况包括区位重要性、地质安全隐患、地形地貌破坏、土地损毁、土壤破坏；矿山植被破坏包括占地规模、占地级别、起源与类别、恢复状况；矿山污染状况包括固体废物堆存、酸性废水污染、农用地污染。

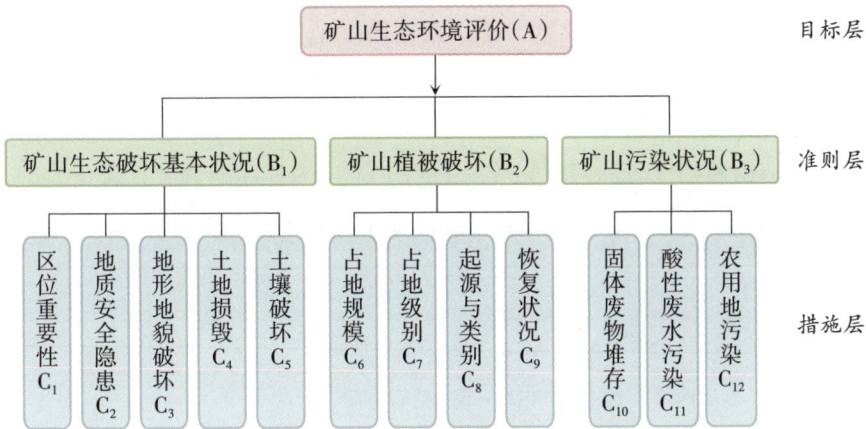

图6-1　矿山生态环境评价指标体系

6.2.2　综合评价模型

对矿山生态环境进行综合评价时，需要对矿山生态环境问题的严重程度给予定量综合评定，本次评价采用要素指标加权分值综合评价法。

矿山生态环境问题综合评价模型如下：

$$F_0 = \sum_{j=1}^{n} F_j W_j \tag{6-2}$$

式中：F_0——矿山生态环境整体评价分值；

　　　W_j——各要素权值；

　　　F_j——各要素指标加权分值；

　　　j——评价指标所含的要素。

式（6-2）中的要素指标加权分值通过下式计算：

$$F_j = \sum_{i=1}^{n} F_i W_i \tag{6-3}$$

式中：F_j——各要素指标加权分值（$j=$ I，II，III，IV）；

　　　F_i——每一要素中各指标评定分值；

　　　W_i——各指标权值；

　　　n——各要素指标个数（每一要素中的 n 可能不同）。

对于评价指标权重的计算采用层次分析法，分以下3步进行：

（1）构造判断矩阵

判断矩阵的建立从层次分析结构的第二层开始，自上而下依次计算出某一层各因素对上一层某个因素的权重，为了最大限度地降低人为主观因素对评价结果的影响，在构造两两比较的判断矩阵时，选定对生态环境评价研究有丰富经验的资深专家组成专家组，结合专家经验对生态环境评价指标的相对重要性进行分析，构造出两两比较的判断矩阵。判断矩阵1～9标度的含义见表6-1。

表6-1　判断矩阵1～9标度的含义

重要性标度	含义
1	表示两个因素 a 与 b 相比，它们的重要性相同
3	表示两个因素 a 与 b 相比，a 比 b 稍微重要
5	表示两个因素 a 与 b 相比，a 比 b 明显重要
7	表示两个因素 a 与 b 相比，a 比 b 强烈重要
9	表示两个因素 a 与 b 相比，a 比 b 极端重要
2、4、6、8	表示上述相邻判断的中间值

重要性标度	含义
倒数	若因素 a_i 与因素 a_j 的重要性之比为 a_{ij}，那么因素 j 与因素 i 的重要性之比为 $a_{ji}=1/a_{ij}$

第二层判断矩阵（记为 A）为：

$$A = \begin{bmatrix} 1 & 3 & 2 \\ 1/3 & 1 & 1/2 \\ 1/2 & 2 & 1 \end{bmatrix} \tag{6-4}$$

（2）确定权重

确定权重即求判断矩阵的特征向量，可用和法计算，方法如下：

①首先将矩阵 A 的每一列向量归一化，得到：

$$W_{ij} = \frac{a_{ij}}{\sum_{i=1}^{n} a_{ij}} \tag{6-5}$$

②对 W_{ij} 进行求和，得到：

$$W_i = \sum_{j=1}^{n} W_{ij} \tag{6-6}$$

③将 W_i 归一化，得到：

$$W_i = \frac{W_i}{\sum_{i=1}^{n} W_i} \tag{6-7}$$

$W = (w_1, w_2, \cdots, w_n)^T$，即为矩阵 A 的特征向量。

计算得到矩阵 A 的归一化特征向量为 $W = (0.53, 0.16, 0.31)^T$，即评价指标矿山生态破坏基本状况、矿山植被破坏、矿山污染状况的权重分别为 0.53、0.16、0.31。

（3）一致性检验

一致性检验的目的是避免其他因素对判断矩阵构成干扰，以此来保证构造矩阵排序时的准确性。

①计算判断矩阵的最大特征值：

$$\lambda_{\max} = \frac{1}{n}\sum_{i=1}^{n}\frac{(AW)_i}{W_i} \tag{6-8}$$

②计算随机一致性指标：

$$I_C = \frac{\lambda_{\max} - n}{n - 1} \tag{6-9}$$

③查找相应的平均随机一致性指标 I_R，按表6-2查找：

表6-2　平均随机一致性指标 I_R 的数值

n	1	2	3	4	5	6	7	8
I_R	0	0	0.58	0.90	1.12	1.24	1.32	1.41

④计算一致性比例：

$$R_C = \frac{I_C}{I_R} \tag{6-10}$$

规定只有当 $R_C < 0.10$ 时，才可以认为判断矩阵的一致性是符合要求的，也就是认为构造的判断矩阵是合理的，否则应对判断矩阵的元素做适当修正。

求得矩阵 A 的最大特征值为3.01，I_C 为0.005 6，$R_C = 0.009$ 6，符合一致性检验要求。

据此得到第二层的3个指标权重分别为0.53、0.16、0.31，详见表6-3。

表6-3　矿山生态环境问题整体评价指标权重

准则层	准则层权重	措施层	措施层权重
矿山生态破坏基本状况	0.53	区位重要性	0.25
		地质安全隐患	0.25
		地形地貌破坏	0.20
		土地损毁	0.15
		土壤破坏	0.15
矿山植被破坏	0.16	占地规模	0.30
		占地级别	0.20
		起源与类别	0.20
		恢复状况	0.30

续表6-3

准则层	准则层权重	措施层	措施层权重
矿山污染状况	0.31	固体废物堆存	0.30
		酸性废水污染	0.30
		农用地污染	0.40

6.2.3　评价因子取值与分级

（1）评价因子取值

将矿山生态环境破坏程度分为严重、较严重、较轻、轻微4个级别，并分别赋值10分、7分、4分、1分，各评价指标等级分级按表6-4执行。

表6-4　矿山生态环境问题评价指标等级分级表

准则层（B）	措施层（C）	变量得分（X_i）			
		10分	7分	4分	1分
矿山生态破坏基本状况（B1）	区位重要性（C1）	国家公园、自然保护区核心保护区；永久基本农田内；城镇村周边1 km范围内；交通干线两侧0.5 km范围内	国家公园、自然保护区一般控制区、自然公园；城镇村周边1~2 km范围内；交通干线两侧0.5~1 km范围内	自然保护地以外的生态保护红线区域；城镇村周边2~5 km范围内；交通干线两侧1~2 km范围内	生态保护红线以外的其他区域；城镇村周边5 km以上；交通干线两侧2 km以上
	地质安全隐患（C2）	地质灾害及隐患点数量≥3处；规模大型以上；危害程度大	地质灾害及隐患点数量≥2处；规模中等；危害程度中	地质灾害及隐患点数量≥1处；规模小；危害程度小	无地质灾害及隐患点
	地形地貌破坏（C3）	破坏山体高度>50 m；露天采坑深度>50 m；地表堆积高度>20 m	破坏山体高度为20~50 m；露天采坑高度为20~50 m；地表堆积高度为10~20 m	破坏山体高度<20 m；露天采坑高度<20 m；地表堆积高度<10 m	山体未破坏；不存在露天采坑；无地表堆积
	土地损毁（C4）	破坏山体面积>1 hm²；露天采坑面积>2 hm²；地表堆积面积>2 hm²	破坏山体面积为0.5~1 hm²；露天采坑面积为0.5~2 hm²；地表堆积面积为0.5~2 hm²	破坏山体面积<0.5 hm²；露天采坑面积<0.5 hm²；地表堆积面积<0.5 hm²	山体未破坏；不存在露天采坑；无地表堆积

续表6-4

准则层(B)	措施层(C)	变量得分(X_i)			
		10分	7分	4分	1分
	土壤破坏(C5)	砾质或更粗面积>50%	砂质面积>50%	黏质和壤质面积>50%	黏质和壤质面积>80%
矿山植被破坏(B2)	占地规模(C6)	占用林地、草地、湿地100 hm²(含)以上	占用林地、草地、湿地10~100 hm²	占用林地、草地、湿地2~10 hm²	占用林地、草地、湿地2 hm²(不含)以下
	占地级别(C7)	自然保护地内的林地、草地、湿地,Ⅰ级保护林地	Ⅰ级以外,郁闭度>0.4的乔木林地、竹林地,覆盖度≥60%的灌木林地和草地,非自然保护地内的湿地	Ⅰ、Ⅱ级以外,郁闭度<0.4的乔木林地、竹林地,覆盖度<60%的灌木林地和覆盖度20%以上的草地	Ⅰ、Ⅱ、Ⅲ级以外,其他林地、草地
	起源与类别(C8)	天然国家级公益林、湿地	天然地方公益林、人工国家级公益林、覆盖度>60%的草地	天然商品林、人工地方公益林、覆盖度20%~60%的草地	人工商品林、覆盖度20%以下的草地
	恢复状况(C9)	暂不具备恢复条件,或者只适宜恢复为林地、草地、湿地以外的其他土地	已经恢复为其他林地、草地,或者已具备恢复为林地、草地、湿地的条件	已经恢复为郁闭度<0.4的乔木林地、竹林地、灌木林地,覆盖度20%以上的草地	已经恢复为郁闭度>0.4的乔木林地、竹林地,覆盖度>60%的灌木林地和草地、湿地
矿山污染状况(B3)	固体废物堆存(C10)	危险废物(未按标准贮存或处置)	第Ⅱ类一般工业固体废物或硫化矿开采产生的固体废物	第Ⅰ类一般工业固体废物	除以上3种情形外的其他情形
	酸性废水污染(C11)	周边5 km存在:严格管控类农用地;酸性废水存量≥0.5万t;主要污染物有毒、有害	周边20 km存在:严格管控类农用地;酸性废水存量≥0.3万t;主要污染物有毒、有害	周边20 km存在:安全利用类农用地;酸性废水存量<0.3万t	周边20 km存在:无超筛选值耕地;无酸性废水

准则层(B)	措施层(C)	变量得分(X_i)			
		10分	7分	4分	1分
	农用地污染(C12)	周边5 km存在:安全利用类农用地面积占总面积的比例≥80%;农田灌溉水超标	周边20 km存在:安全利用类农用地面积占总面积的比例≥50%;农田灌溉水超标	周边20 km存在:安全利用类农用地面积占总面积的比例≥30%;农田灌溉水超标	周边20 km存在:安全利用类农用地面积占总面积的比例≥10%;农田灌溉水无超标现象

(2) 等级划分

通过聚类分析找出突变点,将矿山生态环境问题划分为3个等级:

Ⅰ级(严重):评分结果≥5分。

Ⅱ级(较严重):评分结果介于3.5～5分之间。

Ⅲ级(较轻):评分结果<3.5分。

矿山生态环境问题分级见图6-2。

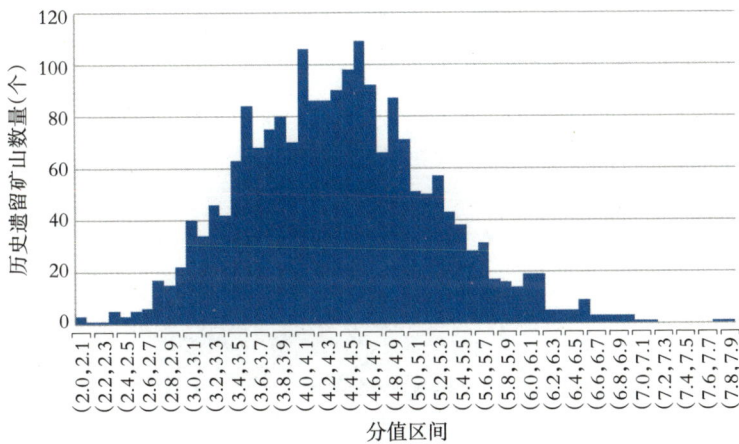

图6-2 矿山生态环境问题分级图

依据矿山(图斑)评价结果,以县级行政区为单元进行统计分析,将全省历史遗留矿山生态环境破坏状况划分为严重区、较严重区和轻微区。

严重区:区内Ⅰ级和Ⅱ级图斑面积数占总破坏面积数的比例≥60%。

较严重区:区内Ⅰ级和Ⅱ级图斑面积数占总破坏面积数的比例介于40%～60%之间。

轻微区:区内Ⅰ级和Ⅱ级图斑面积数占总破坏面积数的比例<40%。

6.3　甘肃省黄河流域历史遗留
矿山生态环境问题评价

6.3.1　单矿山评价

运用矿山生态环境问题整体评价模型对甘肃省黄河流域 1 994 个存在生态环境问题的历史遗留矿山（图斑）进行了评价，根据分级结果，生态环境问题严重的矿山（图斑）有 432 个，较严重的矿山（图斑）有 1 206 个，较轻的矿山（图斑）有 356 个，分别占比 21.66%、60.48%、17.85%。

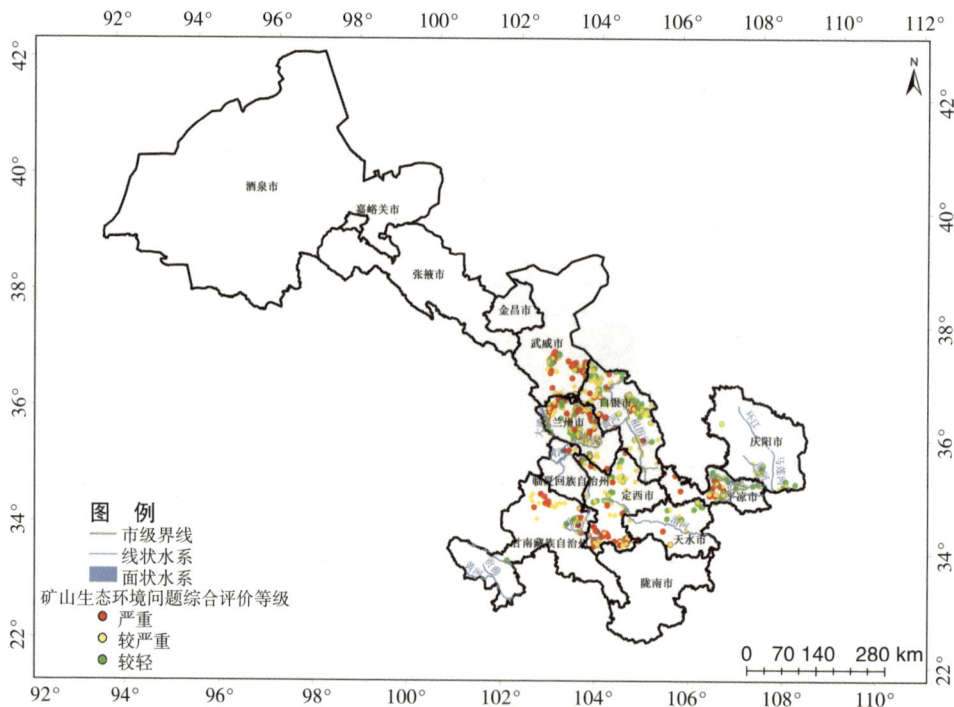

图 6-3　甘肃省黄河流域历史遗留矿山生态环境问题整体评价等级分布图

　　注：该图基于国家地理信息公共服务平台公布的审图号为 GS（2024）0650 号的标准地图制作，地图无修改。

生态环境问题严重的矿山（图斑）主要分布在兰州市，其次为定西市、白银市和武威市（图6-3、图6-4），其中庆阳市不存在生态环境问题严重的矿山（图斑）。从生态环境问题严重的矿山（图斑）占比角度来看，武威市与定西市严重率较高。生态环境问题较严重的矿山（图斑）以兰州市和白银市居多，其次为平凉市和定西市，从生态环境问题较严重的矿山（图斑）占比角度来看，平凉市、甘南州、白银市、兰州市较严重率较高。

从县（区）域尺度来看，生态环境问题严重的矿山（图斑）主要分布在永登县（101个）、岷县（79个）、古浪县（58个）、皋兰县（52个）、平川区（30个）、白银区（25个），占所有生态环境问题严重矿山（图斑）总数的80%。另有9个县（区）不存在生态环境问题严重的矿山（图斑），分别是崇信县、环县、泾川县、正宁县、秦安县、清水县、武山县、西峰区、玛曲县。

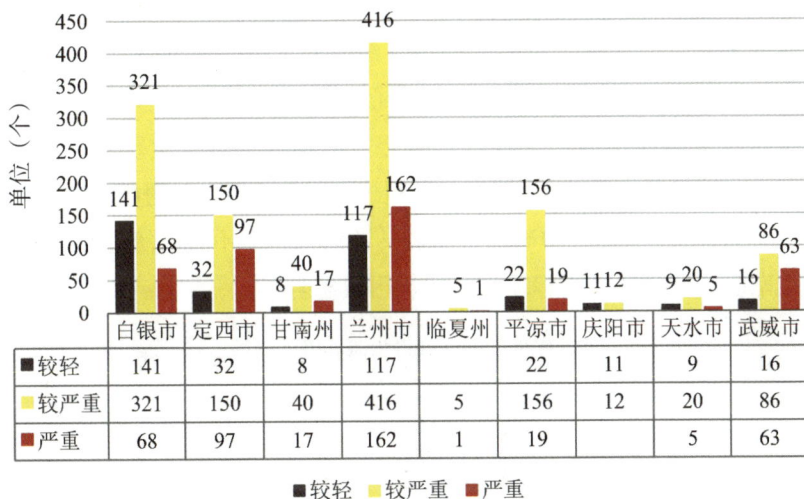

	白银市	定西市	甘南州	兰州市	临夏州	平凉市	庆阳市	天水市	武威市
较轻	141	32	8	117		22	11	9	16
较严重	321	150	40	416	5	156	12	20	86
严重	68	97	17	162	1	19		5	63

■较轻 ■较严重 ■严重

图6-4 矿山（图斑）生态环境问题等级分布图

从矿类来看，建材及其他非金属、贵金属、能源类矿山（图斑）生态环境问题严重的较多（图6-5）。建材及其他非金属类矿山（图斑）主要是因为生态破坏比较严重，而贵金属和能源类矿山（图斑）往往是因为伴随着环境污染。同时，贵金属类矿山（图斑）生态环境问题的严重率明显高于其他类型的矿山（图斑），154个贵金属类矿山（图斑）中，生态环境问题严重的有78个，占比51%，与之相比，建材及其他非金属类矿山（图斑）的严重率就低得多（21%），这与贵金属类矿山（图斑）的废渣重金属超标有密切关系。

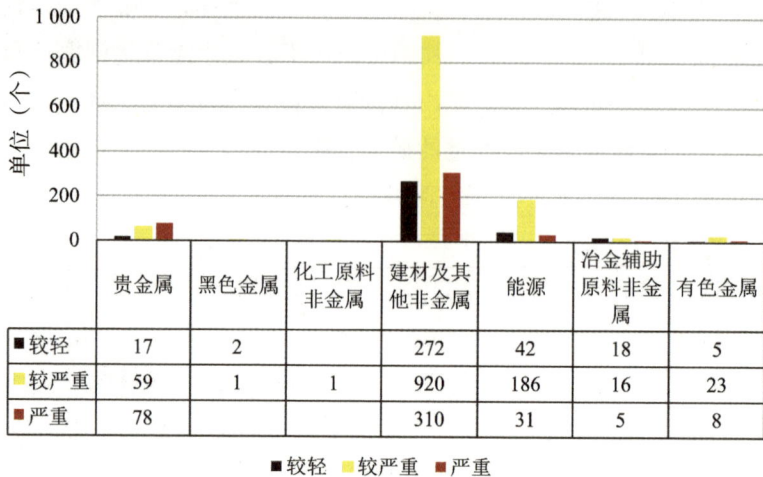

	贵金属	黑色金属	化工原料 非金属	建材及其 他非金属	能源	冶金辅助 原料非金 属	有色金属
■较轻	17	2		272	42	18	5
□较严重	59	1	1	920	186	16	23
■严重	78			310	31	5	8

■较轻　□较严重　■严重

图6-5　不同矿类矿山(图斑)生态环境问题等级分布图

从矿种来看，开采建筑用砂的矿山（图斑）生态环境问题严重的最多（占比28%）。其次为金、煤、其他矿产、砖瓦用黏土等矿山（图斑）。从严重率角度来看，水泥配料用页岩、千枚岩、砂金、石英岩、建筑用砂岩严重率较高，均超过50%，即开采这几类矿种的矿山（图斑）生态环境问题严重的超过一半，详见表6-5〔注：部分矿种的矿山（图斑）数量太少，不具备统计意义，因此未参与严重率统计，如建筑用辉绿岩、建筑用橄榄岩等〕。

表6-5　不同矿种矿山(图斑)生态环境问题等级统计表　　单位：个

序号	矿种	严重	较严重	较轻	总计
1	建筑用砂	122	393	111	626
2	金	61	53	17	131
3	煤	29	179	40	248
4	其他矿产	25	49	15	89
5	砖瓦用黏土	24	265	109	398
6	建筑用花岗石	20	24	2	46
7	建筑石料用灰岩	19	24	2	45
8	建筑用砂岩	18	18		36
9	砂金	17	6		23

序号	矿种	严重	较严重	较轻	总计
10	石灰岩	14	18	2	34
11	千枚岩	13	4		17
12	建筑用凝灰岩	11	9	3	23
13	石英岩	11	8		19
14	水泥配料用页岩	8	2		10
15	辉绿岩	7	11		18
16	花岗岩	6	3		9
17	锑	4	11	2	17
18	铜	4	11	1	16
19	其他黏土	3	11	16	30
20	陶瓷土	3	37	5	45
21	水泥用灰岩	2	13	2	17
22	耐火黏土	2	5	2	9
23	白云岩	2	1		3
24	石煤	2	7	2	11
25	饰面用板岩	1			1
26	建筑用闪长岩	1			1
27	建筑用辉绿岩	1	2	1	4
28	建筑用橄榄岩	1	1		2
29	水泥用黏土	1	13	11	25
30	饰面用花岗岩		1		1
31	自然硫		1		1
32	陶瓷用砂岩		1		1
33	水泥配料用砂		2		2
34	铅矿		1	2	3
35	水泥配料用砂岩		2		2

续表6-5

序号	矿种	严重	较严重	较轻	总计
36	陶粒用黏土		4		4
37	砂岩		7	3	10
38	天然石英砂		3		3
39	玻璃用砂岩		1		1
40	铁		1	2	3
41	高岭土			1	1
42	建筑用页岩		2	2	4
43	石膏		1	2	3
44	建筑用玄武岩		1		1
45	砖瓦用砂			1	1
	总计	432	1 206	356	1 994

6.3.2　分区评价

甘肃省黄河流域历史遗留矿山（图斑）涉及47个县（市、区），其中存在未治理矿山（图斑）的有37个，故按县（市、区）行政区分区的评价对象为37个（表6-6），评价结果详见图6-6。

表6-6　按县(市、区)行政区分区的生态破坏评价统计表

市(州)	序号	县(市、区)	Ⅰ、Ⅱ级矿山(图斑)破坏面积(hm²)	Ⅰ、Ⅱ、Ⅲ级矿山(图斑)面积总数(hm²)	破坏面积占比	评价分区
武威市	1	天祝县	13.194 3	18.141 3	73%	严重区
	2	古浪县	220.006 0	311.354 9	71%	严重区
天水市	3	张家川县	10.108 5	15.544 4	65%	严重区
	4	武山县	4.320 9	4.320 9	100%	严重区
	5	清水县	3.489 3	7.485 4	47%	较严重区
	6	秦州区	19.668 8	19.668 8	100%	严重区
	7	秦安县	4.943 6	5.950 1	83%	严重区

市(州)	序号	县(市、区)	Ⅰ、Ⅱ级矿山(图斑)破坏面积(hm²)	Ⅰ、Ⅱ、Ⅲ级矿山(图斑)面积总数(hm²)	破坏面积占比	评价分区
庆阳市	8	正宁县	2.075 9	18.406 4	11%	轻微区
	9	西峰区	5.514 1	14.852 4	37%	轻微区
	10	环县	0.275 1	1.941 2	14%	轻微区
平凉市	11	崆峒区	61.517 5	192.123 0	32%	轻微区
	12	静宁县	12.469 0	25.539 2	49%	较严重区
	13	泾川县	7.067 9	89.632 1	8%	轻微区
	14	华亭市	264.951 3	542.323 8	49%	较严重区
	15	崇信县	15.310 3	194.383 4	8%	轻微区
临夏州	16	永靖县	10.551 3	143.455 9	7%	轻微区
兰州市	17	榆中县	8.732 6	27.778 7	31%	轻微区
	18	永登县	643.590 2	1 268.486 2	51%	较严重区
	19	七里河区	12.008 5	72.912 7	16%	轻微区
	20	红古区	15.196 3	44.841 7	34%	轻微区
	21	皋兰县	295.340 7	441.600 4	67%	严重区
甘南州	22	卓尼县	6.322 5	18.824 7	34%	轻微区
	23	夏河县	19.553 2	24.884 7	79%	严重区
	24	玛曲县	0	4.736 0	0%	轻微区
	25	临潭县	6.914 5	24.726 3	28%	轻微区
	26	合作市	10.151 0	67.951 8	15%	轻微区
定西市	27	漳县	93.538 1	173.892 6	54%	较严重区
	28	渭源县	28.114 1	67.300 2	42%	较严重区
	29	岷县	332.147 2	505.470 7	66%	严重区
	30	陇西县	11.420 6	12.654 2	90%	严重区
	31	临洮县	30.677 5	53.591 1	57%	较严重区
	32	安定区	83.295 2	137.590 3	61%	严重区

续表6-6

市(州)	序号	县 (市、区)	I、II级矿山(图斑) 破坏面积(hm²)	I、II、III级矿山(图斑) 面积总数(hm²)	破坏 面积占比	评价分区
白银市	33	平川区	677.036 2	1 103.474 9	61%	严重区
	34	靖远县	58.154 0	76.300 4	76%	严重区
	35	景泰县	217.746 7	460.533 8	47%	较严重区
	36	会宁县	47.101 4	63.571 0	74%	严重区
	37	白银区	26.440 9	34.590 8	76%	严重区

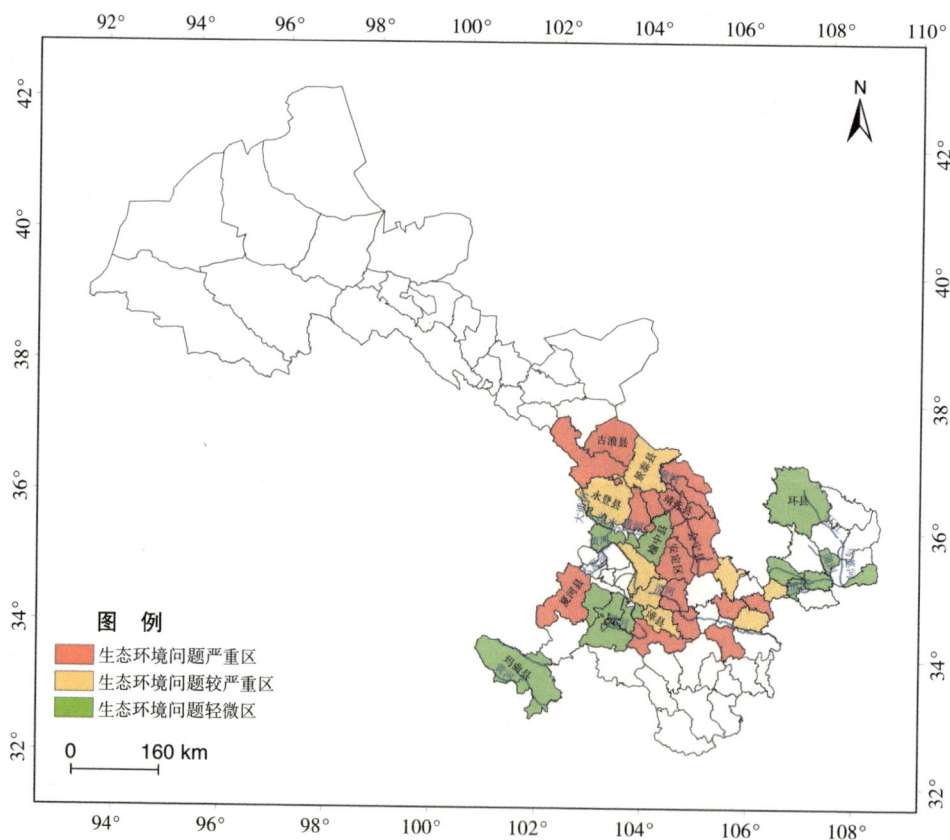

图6-6　甘肃省黄河流域历史遗留矿山(图斑)县(区)行政区分区评价图

注：该图基于国家地理信息公共服务平台公布的审图号为GS（2024）0650号的标准地图制作，地图无修改。

依据评价结果，甘肃省黄河流域历史遗留矿山（图斑）生态环境问题严重的县（区）共15个，分别为天祝县、古浪县、张家川县、武山县、秦州区、秦安县、皋兰县、夏河县、岷县、陇西县、安定区、平川区、靖远县、会宁县、白银区。

甘肃省黄河流域历史遗留矿山（图斑）生态环境问题较严重的县（市、区）共8个，分别为清水县、静宁县、华亭市、永登县、漳县、渭源县、临洮县、景泰县。

甘肃省黄河流域历史遗留矿山（图斑）生态环境问题轻微的县（市、区）共14个，分别为正宁县、西峰区、环县、崆峒区、泾川县、崇信县、永靖县、榆中县、七里河区、红古区、卓尼县、玛曲县、临潭县、合作市。

对历史遗留矿山（图斑）以县（区）为单元进行评价，大致能够反映出某县（区）内矿山（图斑）的生态破坏状况，但对于极个别县（区），评价结果与实际情况有所出入。例如：一个县（区）内仅有一处矿山（图斑），其破坏等级为Ⅱ级及以上，并且破坏面积就是矿山（图斑）面积，则整个县的评价结果就为严重，这与实际情况不符。再如：A、B两县Ⅰ、Ⅱ级矿山（图斑）破坏面积相等，但是A县Ⅲ级矿山（图斑）的数量和面积远远超过B县，那么按照规定的评价方法就可能得到A县为轻微区、B县为严重区的评价结果，这显然与实际情况不符。

因此，有必要对评价结果与实际调查结果不符的县（区）进行调整。下面列出对评价结果进行调整的区域：

（1）天水市：清水县、武山县、秦安县（表6-7）

清水县、武山县、秦安县破坏严重的矿山（图斑）均在两个及以下，并且Ⅰ、Ⅱ级矿山（图斑）的破坏面积在5 hm²左右，在数量上非常少，在破坏面积上非常小，但破坏等级都为严重，故将这些区域的评价结果调整为轻微。

（2）兰州市：永登县（表6-7）

永登县历史遗留矿山（图斑）数量众多，Ⅰ、Ⅱ级矿山（图斑）的破坏面积达到了631.511 7 hm²。永登县历史遗留矿山（图斑）存在大量高陡边坡，地形地貌破坏程度严重，另外，秦王川盆地存在大量露天采坑，其规模不大，但开采深度往往较大，这些矿山（图斑）往往被评价为Ⅰ、Ⅱ级，但是矿山（图斑）的破坏面积相对较小，这就导致永登县被评价为Ⅰ、Ⅱ级矿山（图斑）的数量虽然多，但由于Ⅲ级矿山（图斑）的面积相对更大，所以Ⅰ、Ⅱ级矿山（图斑）

的破坏面积占矿山（图斑）总面积的比重不大，按照规定的评价方法永登县的评价结果为较严重，根据实际调查情况，将其调整为严重。

表6-7　调整破坏等级县域一览表

评价区域(县)	原评价结果	调整结果
清水县	严重	轻微
武山县	严重	轻微
秦安县	严重	轻微
永登县	较严重	严重

第7章　甘肃省黄河流域历史遗留矿山生态环境问题分类

7.1　矿山生态环境问题分类

　　矿产资源开发引发、产生和加剧的矿山地质环境问题众多，其类型、表现形式、严重程度等，与开发的矿产资源种类（石油、天然气、煤、金属、石材、水泥灰岩、卤水盐矿等）、开发方式（露天开采、井工开采）、区域地质环境条件（山地型、黄土高原型、戈壁沙漠型、平原盆地型）、开采规模等因素密切相关。科学分类是每一个学科发展中的前沿课题，它标志着学科发展的水平和力度。分类的原则不同，研究的侧重点不同，就有不同的分类方案和分类系统，分类的原则是便于矿山地质环境调查、评价和采取相应的防治对策。科学性是分类的前提，实用性是分类的灵魂，客观、实用是分类的基础。

　　我国学者对矿山环境问题的类型进行了不同层面的划分，其中，比较典型的如姚敬劬（2003）根据矿业活动触及的环境层次和发生原因将矿山环境问题分为三大类，即地质环境问题、生态环境问题和景观环境问题，将每一类又按其对环境的作用形式分为若干亚类；徐友宁（2005）以矿业活动导致的结果作为分类依据，从公益性、基础性矿山地质环境调查与保护的目的出发，将其分为生态破坏、地质灾害和环境污染三大类型及众多的表现形式。《矿山地质环境调查规范》（DD 2014—05）中将矿山地质环境问题分为地质灾害、含水层破坏、地形地貌景观破坏、土地资源损毁、水土环境污染5类。可见，出发点不同，得到的分类结果也不同。总体上，各个分类方法有所不同，但又有一定的相似性。本章根据甘肃省黄河流域历史遗留矿山的特点，从矿业活动导致的结果和生态修复方向的角度出发，将甘肃省黄河流域历史遗留矿山的生态环境问题分为地质安全隐患、地形地貌破坏、土地资源损毁、土壤破坏4类。

7.1.1　地质安全隐患

采矿工程改变了岩土体的力学平衡，破坏了山体的完整性，导致其局部变形、断裂、脱离母体，在重力作用下迅速运动，酿成地质灾害。最常见的与采矿有关的地质灾害有崩塌、滑坡、地裂缝和危岩、泥石流及地面塌陷等。

（1）崩塌

悬崖陡坡上被直立裂缝分割的岩土体突然脱离母体向下崩落的现象称为崩塌。据有关部门统计，约1/3的崩塌与采矿有关。在陡坡脚剥土挖洞会使岩土体根部空虚，很容易引发崩塌（图7-1）。

图7-1　崩塌

（2）滑坡

斜坡上的岩土体沿一定的软弱面向下滑动的现象称为滑坡。煤矿等含矿层多属软弱工程地质岩类，其上覆岩层又往往是坚硬工程地质岩类，因此，在山坡坡脚开挖、切坡会诱发滑坡（图7-2）。

（3）地裂缝和危岩

其发生机制与崩塌相似，只不过受损山体尚未脱离母体而成为危岩。

图7-2　滑坡

（4）泥石流

产生在山区沟谷或山坡上，挟带大量固体物质的特殊洪流称为泥石流。采矿堆积的大量废石为泥石流提供了物质来源，能加剧泥石流的发生和来势。

（5）地面塌陷

地面塌陷指地表岩土体向下陷落形成塌陷坑洞的现象。其中，采矿造成的采空塌陷非常普遍，例如甘肃省平凉市华亭市等地区有采矿造成的大量采空塌陷（图7-3）。

图7-3　地面塌陷

7.1.2　地形地貌破坏

矿产资源开发活动改变了原有的地形地貌特征，造成山体破损、岩石裸露等现象，主要破坏形式包括山体破坏、地表堆积（图7-4）、露天采坑（图7-5）。

天　　气：晴　9℃　南风≤3级　湿度34%
经　　度：103°46′13″E
纬　　度：37°33′38″N
海　　拔：1 688.8 m
地　　址：武威市古浪县新增道路大岭村附近
工程名称：ZJ6206222021004001
时　　间：2022-10-11 10:35:35
方 位 角：267.5°(西)

图7-4　地表堆积

图7-5　露天采坑

7.1.3 土地资源损毁

矿产资源开发活动导致土地原有功能丧失的现象称为土地资源损毁，主要表现为矿山地面塌陷（地裂缝）破坏土地、固体废弃物堆排压占土地、露天开采剥离挖损土地等，这些行为使耕地、园地、林地、草地等变为荒地。主要破坏形式包括露天采场、废石（渣、土）堆场、挖损边坡、工业广场、地质灾害、房屋压占等。

7.1.4 土壤破坏

矿山开采的过程中，开挖地表使基岩裸露或废渣堆积在地表，破坏了原有土壤的生境，使土壤生物的生存环境恶化，导致其生态功能丧失。

矿山地质安全隐患、地形地貌破坏、土地资源损毁、土壤破坏等生态环境问题在矿山开发的时间上、空间上具有重叠性、穿插性，部分矿山生态环境问题互为因果关系。不同类型矿产以不同开采方式开采，采用的选冶技术及工艺设备等不同，导致矿山主要生态环境问题的表现形式也不同。因此，矿山环境问题分类对分析造成矿山生态环境问题的原因、制定合理的矿山生态环境修复方案是十分重要的。

下面从多个方面对矿山生态环境基本问题进行分类。

7.2 不同工业类型矿产开发产生的 生态环境问题

7.2.1 分类方法及结果

不同工业类型矿产在开发中产生的环境地质问题既有其共性的一面，也有其相异的一面，据此，可按工业类型不同将矿产资源划分为以下7种：油气类、煤炭类、金属矿产类、灰岩类、卤水盐矿类、石材类、磷硫化工类等。

甘肃省黄河流域历史遗留矿山（图斑）按工业类型不同可分为6类，即油气类、煤炭类、金属矿产类、灰岩类、石材类、磷硫化工类。油气类包括石油；煤炭类包括煤、石煤；金属矿产类包括金矿、铅矿、砂金矿、锑矿、铁矿、铜矿；灰岩类包括白云岩、玻璃用砂岩、高岭土、辉绿岩、耐火黏土、其他黏土、电气石、石膏、石灰岩、石英岩、水泥配料用砂、水泥配料用砂岩、水泥配料用页岩、水泥用黏土、陶瓷土、陶瓷用砂岩、陶粒用黏土、天然石英砂、砖瓦用砂、砖瓦用黏土、铸型用砂岩、水泥用灰岩、水泥配料用黄土；石材类包括建筑石料用灰岩、建筑用橄榄岩、建筑用花岗石、建筑用辉绿岩、建筑用辉石岩、建筑用凝灰岩、建筑用砂、建筑用砂岩、建筑用闪长岩、建筑用玄武岩、建筑用页岩、饰面用花岗岩、花岗岩、砂岩、饰面用板岩、千枚岩、重晶石；磷硫化工类包括自然硫。全省黄河流域历史遗留矿山（图斑）中，油气类矿山（图斑）有1个，煤炭类矿山（图斑）有392个，金属矿产类矿山（图斑）有307个，灰岩类矿山（图斑）有1 217个，石材类矿山（图斑）有1 252个，磷硫化工类矿山（图斑）有2个，其他矿产类矿山有292个（表7-1）。

表7-1　甘肃省黄河流域历史遗留矿山矿种类别统计表　　　　单位：个

序号	类别	矿种	数量	小计
1	油气类	石油	1	1
2	煤炭类	煤	380	392
		石煤	12	
3	金属矿产类	金矿	174	307
		铅矿	6	
		砂金矿	54	
		锑矿	46	
		铁矿	4	
		铜矿	23	
4	灰岩类	白云岩	3	1 217
		玻璃用砂岩	6	
		高岭土	1	
		辉绿岩	18	
		耐火黏土	11	
		其他黏土	41	
		电气石	1	
		石膏	23	
		石灰岩	47	

序号	类别	矿种	数量	小计
4	灰岩类	石英岩	29	1 217
		水泥配料用砂	2	
		水泥配料用砂岩	5	
		水泥配料用页岩	10	
		水泥用黏土	52	
		陶瓷土	46	
		陶瓷用砂岩	1	
		陶粒用黏土	8	
		天然石英砂	3	
		砖瓦用砂	1	
		砖瓦用黏土	888	
		铸型用砂岩	2	
		水泥用灰岩	18	
		水泥配料用黄土	1	
5	石材类	建筑石料用灰岩	80	1 252
		建筑用橄榄岩	2	
		建筑用花岗石	52	
		建筑用辉绿岩	6	
		建筑用辉石岩	8	
		建筑用凝灰岩	32	
		建筑用砂	962	
		建筑用砂岩	57	
		建筑用闪长岩	1	
		建筑用玄武岩	1	
		建筑用页岩	4	

续表7-1

序号	类别	矿种	数量	小计
5	石材类	饰面用花岗岩	1	1 252
		花岗岩	12	
		砂岩	12	
		饰面用板岩	1	
		千枚岩	18	
		重晶石	3	
6	磷硫化工类	自然硫	2	2
7	其他	其他矿产	292	292

7.2.2　不同工业类型矿产开发产生的生态环境问题

甘肃省黄河流域历史遗留矿山中灰岩类居多，并且分布范围广、种类繁多，造成的生态环境问题也较繁杂，灰岩类矿山最主要的生态破坏问题是地形地貌破坏，例如，露天开采白云岩、辉绿岩、水泥配料用页岩、水泥用灰岩等形成的山体破坏，露天开采水泥配料用砂、黏土、陶瓷土形成的大型采坑。灰岩类矿山开采的同时会伴随矿山尾矿堆积。

石材类矿山的开采不仅对地形地貌的破坏较严重，同时往往也会引发地质灾害。露天开采饰面用花岗岩、花岗岩、建筑用砂岩、建筑石料用灰岩等会造成地形地貌的严重破坏，随着开采高度的增加，往往还会伴随崩塌、滑坡等地质灾害。

煤炭类矿山的开采主要造成地面塌陷、地裂缝等地质灾害，煤炭的尾矿堆积还会造成土地资源损毁等。

磷硫化工类矿山的开采主要造成的生态环境问题是地形地貌破坏、土地资源损毁。

金属类矿山的开采主要造成的生态环境问题是地形地貌破坏、土地资源损毁，往往还伴随着重金属对周边水体的污染。

矿山开采造成土地资源损毁的生态破坏问题，矿产开发往往造成耕地、林草、林地的破坏，例如，在沟台地、河流阶地等区域开采建筑用砂往往会破坏耕地；在黄土区开采黏土矿往往会破坏林地、草地；露天开采金属、非金属矿往往会破坏天然草场等。

7.3　不同开采方式产生的生态环境问题

7.3.1　分类方法及结果

矿床规模、赋存状态、地质环境条件决定着矿区的开采加工方式，不同采矿方式造成的矿山生态环境问题具有差异性。因而，依据开采方式的不同，将矿区开采方式分为露天开采、井工开采及联合开采3种类型。

甘肃省黄河流域历史遗留矿山（图斑）中，11个为复合开采，262个为井工开采，2 326个为露天开采（表7-2）。

表7-2　不同开采方式下的矿山（图斑）数量

开采方式	矿山（图斑）数量（个）
复合开采	11
井工开采	262
露天开采	2 326

7.3.2　不同开采方式产生的生态环境问题

甘肃省历史遗留矿山以露天开采为主，部分矿山为井工开采和联合开采。矿山开采造成的生态破坏问题涵盖了地质安全隐患、地形地貌破坏、土地资源损毁、土壤破坏等。

露天开采剥离了矿体上方的土石覆盖层、大量的外排土，占用了土地，破坏了植被，使原有的土地功能丧失，凹陷的露天采场及新增的废石堆改变了原有地貌形态。废石场的风化扬尘造成矿区附近土地沙化和大气污染。疏干排水可造成地下水位下降，高陡边坡可造成滑坡频发，严重者可造成露天矿提前关闭等重大经济损失。

井工开采造成的矿山生态破坏问题主要为地面塌陷及地裂缝，对地形地貌、土地资源、土壤方面的破坏很小，大多可以忽略，少数存在矿渣未做处理而压占土地资源的情况。甘肃省黄河流域历史遗留矿山中以井工开采形式开采的图斑内存在少数地面塌陷，地表有矿渣堆积，没有造成明显的生态破坏问题，地表植被状况良好。

复合开采存在上述露天开采、井工开采存在的生态问题。甘肃省黄河流域历史遗留矿山中以复合开采形式开采的矿山数量相对较少。

7.4　造成矿山生态环境问题的主要因素

《中华人民共和国矿产资源法》明确规定，矿山采矿权人有责任对矿业开发破坏的生态环境进行恢复治理。但是，事实上进行矿山生态环境恢复治理的矿山企业并不多，有些企业根本无视矿山生态环境保护工作，导致矿山生态环境质量明显下降，最为典型的是中小型矿山企业"只开发，不治理"。加之当时矿产资源开采水平相对落后，人民生态环境保护意识淡薄，不同程度地对矿山生态环境造成了影响。此外，区域生态环境的脆弱性、经济发展水平的制约是客观因素。总体上，造成甘肃省黄河流域历史遗留矿山生态环境问题的因素归纳如下：

7.4.1　矿山生态环境防治法律、政策不够完善

新中国成立70多年来，地质找矿工作成效显著，一大批矿业基地的勘探开发为我国的经济建设做出了巨大贡献。但是，由于前期矿山环境保护的相关法律条文不够完善，没有矿山建设环境地质影响评价制度、矿山开发生态环境恢复治理的保证金制度等，法律不严，处罚偏轻，难以对破坏矿区生态环境的事件形成震慑，一旦发生危害事件，就无法追究诱发矿山生态环境问题的采矿权人的责任。这些原因导致人们对矿山生态环境的保护观念淡薄，尤其是一些中小型矿山企业的"只开发，不治理"行为，造成了严重的矿山生态环境问题。

7.4.2　矿山生态环境恢复治理资金投入不足

部分国有矿山企业经营不善，经济效益欠佳，企业负担过重，特别是计划经济时期建立的国有老矿山，目前已无力担负起历史积累的矿山生态环境问题

的治理任务。乡镇矿山企业及个体矿山企业由于担心不能长期从事矿业生产，从事矿业活动的短期行为严重，力争尽快回收投资，因而采取挖富弃贫、采厚弃薄的破坏性方式开采矿产资源，只顾谋取利润，"三废"随地堆放，对环境的影响十分严重。

7.4.3　区域生态环境脆弱

甘肃省地处我国西北半干旱气候区，生态环境的脆弱性十分明显，降水稀少，植被稀疏，水资源短缺，在这种生态环境下，一旦环境恶化，就难以恢复。因而，水资源成为制约生态环境恢复治理的主要因素。

7.4.4　矿产资源开采水平相对落后

新中国成立后，为了大力发展重工业，国家对矿产资源的需求量巨大。当时由于刚改革开放，国家的技术水平相对落后，为了满足社会矿产资源的需求，矿山的开采往往使用原始的爆破、粗暴开挖等方式，造成了严重的矿山生态环境破坏问题。

7.4.5　人民生态环保意识淡薄

人民的生态环保意识往往和人民的生活水平紧密联系，所谓"经济基础决定上层建筑"。甘肃省黄河流域历史遗留矿山绝大部分开采于20世纪90年代以前，当时人民生活水平相对低下，全国人民的"温饱"问题是当时主要的民生问题，所以当时人民的生态环保意识相对淡薄，导致了甘肃省黄河流域历史遗留矿山在开采过程中造成了严重的生态环境破坏。

第8章　矿山生态环境发展趋势预测

8.1　矿山生态环境发展趋势预测的内容、原则及方法

　　矿产资源开发是我国经济发展的最主要的产业之一，客观地说，在现有技术条件下，矿产资源开发不可避免地会造成各种地质环境问题，如果无视矿山生态环境的保护，无序开发并采用落后的技术工艺，势必会导致原本脆弱的生态环境进一步恶化。

　　矿山生态环境发展趋势预测是在矿山生态环境调查评价的基础上，依据矿山生态环境发展影响因素分析，结合矿山生态环境自我恢复条件及矿山环境保护与治理力度，对矿山生态环境发展趋势做出的分析和判断。

8.1.1　矿山生态环境发展趋势预测的主要内容

（1）矿山生态环境质量预测

　　包括与矿山生态环境质量相关的区域自然地理、气候等环境背景条件发展趋势预测，矿山生态环境问题发展趋势预测。

（2）矿山生态环境恢复条件预测

　　包括矿山生态环境自然恢复条件的分析，矿山环境保护、治理技术及预计投入资金量的预测分析，矿山环境管理制度与法规的建立健全等。

8.1.2　矿山生态环境发展趋势预测的原则

　　①经济社会发展是矿山生态环境发展预测的依据，矿产资源开发利用与保

护政策及自然生态的变化与矿山生态环境发展预测有紧密的联系，要将经济社会及环境系统作为一个整体来考虑。

②矿山开采技术及矿山环境保护技术的发展是影响矿山生态环境发展预测的重要因素，因此，在预测时应充分考虑科技进步的作用。

③突出重点，重点考虑对矿山生态环境发展动态有重要影响的因素，这样不仅会减少预测的工作量，还会增加预测的准确性。

④具体问题具体分析，不同的规划其预测内容及方式不同，要根据具体情况选择不同的内容及方式。

8.1.3　矿山生态环境发展趋势预测的方法

（1）矿山生态环境发展趋势定性预测

矿山生态环境发展趋势预测的方法有很多，目前以定性预测为主。常用的定性预测方法有专家调查法（如德尔菲法）、历史回顾法、列表定性直观预测法等。这类方法以逻辑思维为基础，通过综合运用各种方法，对矿山生态环境的发展趋势进行定性、宏观的描述。

（2）矿山生态环境发展趋势定量预测

除了定性预测矿山生态环境发展趋势外，目前还越来越多地运用定量预测的方法，对矿业活动造成的环境问题，根据其发展趋势的影响因素，确定可量化指标，定量分析、评价其发展演化趋势，为矿山环境保护与治理区划提供较为科学的决策依据。

目前，进行环境发展趋势定量预测的方法主要有趋势外推法、回归分析法和使用环境系统的数学模型等。这类方法以运筹学、系统论、控制论、系统动态仿真和统计学为基础，通过一些数学模型，对环境污染和环境质量进行量化预测。但目前的预测模型大多不太完善，因此，在实际预测中需对预测结果进行综合分析，并结合定性预测，对环境发展趋势进行科学的预测。

（3）矿山生态环境发展趋势预测综合分析

对矿山生态环境发展趋势的定性及定量预测结果进行综合分析，找出今后矿山生态环境存在的主要问题及影响因素，有针对性地制定矿山生态环境保护规划目标，是矿山生态环境发展趋势预测的主要目的。综合分析主要包括矿产资源态势分析、经济发展趋势分析、矿山生态环境发展趋势分析等。

8.2　矿山生态环境发展趋势影响因素分析

矿山生态环境改善还是恶化取决于矿山生态环境发展趋势影响因素的变化，因此，要进行矿山生态环境发展趋势预测，首先要进行影响因素分析。本次分析评价的对象均为历史遗留矿山，即已经闭坑或者停采的矿山，其影响因素主要包括自然环境的变化、生态环境问题的演变及生态环境的恢复条件（图8-1）。

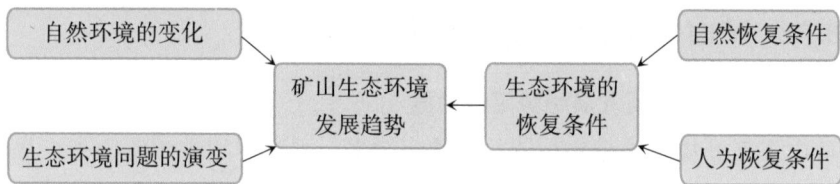

图8-1　矿山生态环境发展趋势的影响因素

8.2.1　自然环境的变化

受全球气候变化等因素的影响，我国未来50年平均气温升高似乎是必然趋势，增温幅度明显高于全球平均增温幅度。西北地区气候呈现出明显的"暖湿化"现象，并且呈东扩发展趋势。

近60年来的气象和水文观测表明，西北地区年平均气温、最高气温和最低气温均呈显著升高趋势，并且升温速率明显高于同期全球和全国平均水平。从降水方面来看，1961年以来西北大部分地区年降水量及季节降水量总体呈显著增多趋势，降水增加主要表现在年、季节等绝对降水量的增加，其中秋冬季增加的趋势最显著。西部地区降水增加的趋势已经维持了近40年，并且这种增加趋势还在持续加剧和东扩。大约从1987年开始，西北干旱区主要气候指标出现了强烈的气候变化信号，即随着气候变暖，地表气温升高，降水量和径流显著增加，冰川消融加速，湖泊水位上升，大风和沙尘暴日数减少，地表植被有所改善等。

总之，未来我国西北地区总体仍向暖湿方向转型，这将有利于生态环境的改善。在此背景下，可以预计甘肃省黄河流域的生态环境将会好转。

8.2.2　生态环境问题的演变

矿业开发造成的矿山生态环境问题有些是与采矿活动相伴而生的，如地形地貌的破坏、土地资源的损毁、土壤的破坏及粉尘等对周边环境的影响，这些问题会随着采矿活动的停止而终止。然而，有些矿产资源开发造成的矿山生态环境问题不会因采矿活动的停止而停止，而是随时间的推移发生演变，持续对周边环境产生影响。

对于地质灾害而言，崩塌、滑坡的发生需要一定的诱发条件，采矿活动改变了原始的生态环境条件，使岩土体处于欠稳定状态，当遇到极端条件如暴雨、地震时，岩土体彻底失稳，从而发生地质灾害，从岩土体状态到失稳状态是逐渐变形的过程，并非与采矿活动同步，采矿活动结束后的很长一段时间内都有可能发生地质灾害，这是个随环境演变的过程。

此外，采矿对地表水与地下水的污染会产生长期影响，尤其是地下水，其具有隐蔽性和难恢复性，更容易往不好的方向发展。随着采矿活动的停止，矿山废渣的产生规模不再增大，但是其对环境的影响却长期存在，尤其是金属矿，其矿渣在长期淋滤作用下产生重金属污染，对地表水、地下水及土壤的污染是随时间的推移不断演变的。

8.2.3　生态环境的恢复条件

（1）自然恢复条件

自然环境具有自我修复能力，除了地形地貌景观、含水层等生态环境具有自我修复能力，其余像土地资源、土壤等均具有自我修复能力。尤其开采砖瓦用黏土的矿山，多位于沟谷内，对地形地貌的破坏程度较轻，矿山废渣较少，对土壤基本没有破坏，矿区土壤仍然为壤质，采矿活动停止后植被可在短时间内自然恢复，自然恢复条件较好。沟道、河谷采砂活动很少造成地质灾害，由于沿沟谷开采时开采深度不大，对地形地貌的破坏程度也较小，加之雨水的冲刷，其自然恢复能力也较强；但是位于山间盆地的一些大型采坑深度较大，对原始地貌景观的破坏十分明显，若不借助人力是很难自然恢复的。金属矿产、建筑石材等的露天开采对地形地貌的破坏最为明显，开采大型矿山时甚至将半边山体挖除，导致山体形成巨大的开采掌子面，即使借助人力，地形地貌的恢复难度也较大，而且采矿活动使得基岩裸露、植被难以恢复，此类矿山自然恢复条件极差。井工开采的矿山，地表破坏以边坡挖损为主，其对地形地貌、土地资源、土壤等基本没有破坏，生态环境在矿山停采后的一段时间内基本会恢复原貌。但是，地下采空区的存在往往又会造成地面塌陷，甚至使地面形成区域性沉降区，这时生态环境就难以自然恢复。

（2）人为恢复条件

党的十八大以来，生态文明建设被推向新高度，各级政府部门也十分重视生态环境的保护与治理，管理制度、资金投入等方面都有了大幅度改善，这也推进了生态环境修复技术的发展。

1）管理制度

2016年7月，国土资源部、工业和信息化部、财政部、环境保护部、国家能源局联合下发了《关于加强矿山地质环境恢复和综合治理的指导意见》（国土资发〔2016〕63号），明确要求对全国范围内的矿山进行详细调查，明确责任、科学规划。

2018年，自然资源部发布九大行业绿色矿山建设规范，标志着我国的绿色矿山建设进入了"有法可依"的新阶段。

2019年8月，自然资源部发布新版《矿山地质环境保护规定》，落实了地质灾害恢复治理方案和土地复垦方案的合并。

2019年12月，自然资源部发布《关于探索利用市场化方式推进矿山生态修复的意见》（自然资规〔2019〕6号），明确了通过政策激励，吸引各方投入，推行市场化运作、科学化治理的模式，加快推进矿山生态修复。

2022年3月，自然资源部办公厅、生态环境部办公厅、国家林业和草原局办公室联合发布《关于组织开展黄河流域历史遗留矿山生态破坏与污染状况调查评价的通知》（自然资办发〔2022〕8号），要求沿黄9省（自治区）开展黄河流域历史遗留矿山生态破坏与污染状况调查评价工作，为科学组织实施黄河流域历史遗留矿山生态修复和矿山环境污染治理提供依据。

在过去的十几年间，无论是国家层面还是地方监管部门，对生态环境的重视与投入都达到了空前的高度，相继出台了一系列政策以加强矿山地质环境治理、生态修复等工作。习近平总书记多次强调，"生态兴则文明兴，生态衰则文明衰"。《全国重要生态系统保护和修复重大工程总体规划（2021—2035年）》也表明，在当前及今后一段时期内生态环境保护与治理依然是国家重大发展战略，政策扶持会不断加强，相关监管体系会不断健全。

2）资金投入

多年来，特别是第二轮矿产资源规划实施以来，甘肃省开展了大量矿山地质环境保护与治理恢复工作。自2003年以来，共申请财政资金111 700万元，其中，国家级财政资金98 690万元，省级财政资金13 010万元。对计划经济时期遗留下来的闭坑矿山及历史采矿对矿山环境造成严重破坏的矿山进行恢复治理，共实施了134个矿山地质环境治理项目，其中，国家资金投资治理项目66个，省财政投资治理项目68个。

截至2021年，甘肃省历史遗留矿山地质环境恢复治理率达到了26%，矿山环境治理面积7 927 km²。这些项目的实施，使一些计划经济时期建立的大中型矿山或闭坑矿山的生态环境逐步得到了恢复治理，取得了较好的经济效益、社会效益和环境效益。"十二五"期间，甘肃省矿山采矿企业积极落实矿山地质环境恢复治理保证金制度，自筹资金总计33 473.29万元，治理矿山数量162个，总治理面积1 404.29 hm²，土地复垦面积423.3 hm²。同时，一些国有大型矿山企业（如金川集团、白银集团、酒钢集团等）和华亭市、靖远县等的煤业集团积极筹措资金，在土地复垦、矿山生态环境建设、地质灾害防治、矿山废水废渣综合治理利用研究等方面做出了示范性建设，取得了良好的效果。

随着甘肃省矿产资源开发及生态环境保护立法工作的开展，各级国土资源行政主管部门监管力度日益加大，全省矿山企业的地质环境保护意识不断增强，矿业开发者重开发轻保护、肆意破坏污染矿山环境的势头已有所扭转。特别是近年来，甘肃省自然资源行政主管部门根据财政部、自然资源部"关于组织申报历史遗留废弃矿山生态修复示范工程项目的通知"精神，积极组织开展矿山地质环境恢复治理立项工作，争取国家资金投入，一些计划经济时期建立的国有大中型矿山或闭坑矿山的生态环境逐步得到恢复治理，成效显著。

总之，甘肃省用于矿山地质环境恢复治理工作的资金在逐年增加（图8-2），随着经济增长及监管部门的重视，用于生态环境保护与治理工作的资金投入也将继续呈增长趋势。

3）矿山环境恢复治理技术

我国矿山地质环境恢复治理技术着眼于固废灾害、土壤修复、矿坑塌陷、水污染、矿山绿化等矿山地质环境问题，发展形成自然恢复模式、人工辅助模式、生态重建模式、转型利用模式等治理模式，衍生了工程治理、物理性修复、化学改良法、植被修复、动物修复、微生物修复等技术类型。与国外对比发现，

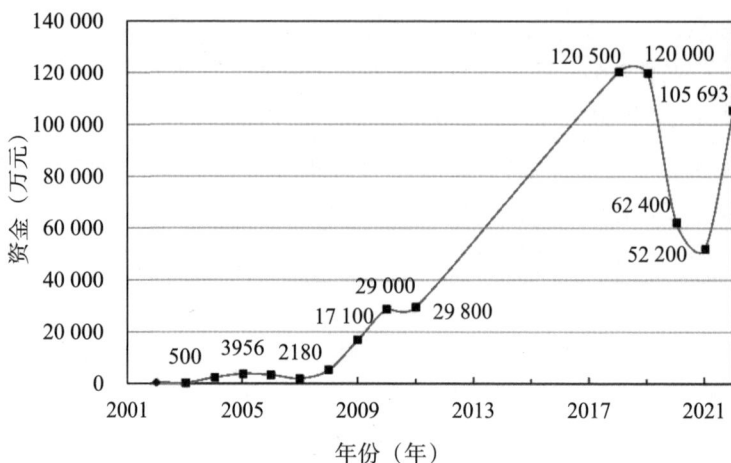

图8-2 2001—2021年甘肃省矿山地质环境恢复治理资金投入情况

我国矿山地质环境修复技术在工程技术、植被修复等领域具有较为丰富的实践经验，但在化学修复、动物修复、微生物修复等技术领域方面与国外差距较大；在信息化矿山开发、设计、生产、管理和监督领域，我国仍处于起步阶段。但随着科学技术的发展，以及与其相关的"矿山环境恢复治理的技术要求研究""矿山环境保护技术方法研究""矿山环境保护恢复技术指南"等一系列研究工作的进行，矿产资源开采、环境保护与恢复治理的技术方法将更加科学、更加先进，特别是以遥感技术、全球定位系统和地理信息系统为代表的"3S"技术的发展，使矿山地质环境调查、监测和恢复治理的手段逐渐现代化。

8.3 矿山生态环境发展趋势分析

8.3.1 地质安全隐患

甘肃省黄河流域历史遗留矿山中，采矿活动引发的地质灾害有崩塌、滑坡和地面塌陷等，涉及89个矿山（图斑），占比3.4%，矿山地质灾害发育率低，并且主要发生在偏远山区，一般无威胁对象，目前无进一步发展趋势。

从每个矿山（图斑）现场调查情况来看，基本上，矿区内不稳定岩土体得到了有效清除，未清除的危岩在停采后发生了崩塌，目前仅少数山体破坏程度较大的矿山局部存在崩塌隐患。

矿山滑坡主要发育在矿山开采形成的高陡边坡，并且以土质为主，虽然目前来看滑坡的发生率较低，但如果对矿山开采形成的高陡边坡不进行防护，那么今后遇到极端情况（暴雨、地震）时可能会诱发地质灾害。

地面塌陷受地下采空区控制，目前来看，其发生率较高，尤其是在白银市、平凉市等地。同时，由于采空区的存在，目前未发生地面塌陷的采空区今后仍可能发生地面塌陷。

此外，矿山开采生成了大量矿山废渣，由于早期人们生态环境保护意识淡薄，矿山废渣存在乱堆乱放、占据沟道等现象，这为泥石流的发育提供了物源条件，在陇南市、甘南州等降雨较充沛的地区可能会引发泥石流灾害。

综合来看，随着气候变化，极端天气的发生频率升高，若无人为干预，矿山的地质灾害会进一步发展，滑坡、泥石流等现象会时有发生，但发生频率不会增加，甚至随着时间的推移，矿山地质环境会逐步趋于稳定，矿山地质灾害发生频率会逐渐降低。若考虑人为因素，随着矿山生态环境恢复治理力度的加强，现有地质灾害会得到有效清除，潜在隐患会不断被排除，矿山地质灾害的发生频率会大大降低。

8.3.2　地形地貌破坏

甘肃省黄河流域历史遗留矿山造成地形地貌破坏的情况可分为以下 4 类，不同类型其发展趋势有所不同。

（1）开采石材类的矿山

主要分布在基岩山区，基岩山区地形起伏大、山势陡峻，开挖山体时往往会形成高陡边坡，山体破坏高度大，形成的开采掌子面与周边地形地貌差异明显，恢复治理难度大。若无人为干预，地形地貌破坏在很长时间内不会得到改善，但也不会进一步恶化，而是会保持现状，平稳发展。

（2）开采建筑用砂的矿山

河道及沟道采砂往往是沿沟道开采范围较大，但是采坑深度较小，对地形地貌的破坏程度轻，并且其自我修复能力强，从长远来看，该类地形地貌会逐渐自然恢复。在山间盆地（如秦王川盆地、旱平川盆地）采砂形成的大型露天采坑深度较大，对原始地貌景观的破坏十分明显，若不借助人力是很难自然恢复的。随着省、市各级财政对废弃矿山地质环境治理项目的投入，尤其是对三区两线以内废弃矿山遗留的破损山体及露天采坑等矿山地质环境治理力度的加大，矿山开采造成的地形地貌破坏情况将会逐渐得到改善。

（3）开采黏土矿的矿山

主要分布在黄土丘陵地区，黄土丘陵地区原始地形起伏小、山体浑圆，采矿活动主要沿沟道两侧开挖山体，主要破坏山脚处地形地貌，加之土质边坡稳定性受高度影响大，此类矿山山体破坏高度往往较小，与周边地形地貌差异较小，恢复治理难度小。而且矿区主要分布在丘陵间宽缓谷地，采矿活动拓宽了谷地，形成了大片空地，可以用作建设用地，该部分矿区大多已完成转型利用，今后仍然会加大转型利用力度，矿山开采造成的地形地貌破坏情况将会得到大大改善。

（4）井工开采煤矿、金矿的矿山

其对地表环境的破坏很小，停采后生态环境基本可以自然恢复，该类矿山造成的地形地貌破坏会在短时间内好转。

8.3.3　土地资源损毁

土地资源的损毁一般分为两类，一是露天开采直接破坏原有地类，二是采矿产生的废渣、建筑设施等占用土地资源。甘肃省黄河流域历史遗留矿山破坏、占用的土地资源以草地、建设用地为主，分别占比31%、30%，其次为其他、林地与耕地，分别占比15%、12%、12%。

（1）草地

矿山开采造成的草地破坏今后如何发展与生态环境现状有密切关系。开采黏土类的矿山，虽然矿山开采破坏了原有地表植被、土壤，但现状表层土壤仍为壤质，适合植被生长，短期内就可以自然恢复。甚至在一些废渣堆上，植被也能自然恢复，如采砂残留的废砂堆、采石场残留的粒径较小的废渣堆，调查期间发现多种此类情况。一些生命力顽强的草本植物，在表层土壤为砾质或更粗的废渣堆上依然能焕发勃勃生机，即使在干旱的秦王川盆地，废砂堆上的植被覆盖率也与周边环境相差无几。开采掌子面至基岩面的矿山，光滑的岩石面上无植被适宜生长的土壤，植物种子难以附着，植被很难自然恢复，虽然在岩石裂隙中往往会生长出一些植被，但很难恢复到破坏前的状态。总体上，矿山停采后，其造成的草地破坏程度会随着自然恢复而逐渐减轻，其减轻程度受现状环境控制。

（2）建设用地

矿山开采所占用的建设用地以采矿用地为主，矿山开采未改变原有地类属性，矿山停采后闲置土地变为荒地。在生态环境良好的地区，如甘肃省东部庆阳市、平凉市，南部天水市、甘南州、陇南市等地区，地表植被会逐渐恢复，恢复为草地或林地，土地资源损毁程度会减轻。

（3）林地

林地所处的生态环境往往比较好，局部的破坏对区域生态环境的影响小，其自我恢复能力强。如祁连山区，只要停止开采，其土地资源必然会大大恢复。

（4）耕地

随着近年来耕地保护行动、土地整治与生态修复工程的实施，矿山开采造成的耕地破坏将会极大程度地恢复，土地资源损毁面积将会逐渐减少。

8.3.4　土壤破坏

土壤破坏主要是由于露天采矿或采矿废渣在地表堆积，改变了原有土壤质地。

一是矿山开采使表层土壤质地发生了显著改变，如露天开采石材类的矿山破坏了表层土壤的风化层（壤质），使基岩裸露，短时间内很难再风化形成土壤层，若不借助人力，土壤环境很难改善，该类矿山的土壤环境将保持平稳发展。

二是矿山开采虽然清除了原始表层土壤，但是现状土壤环境与原始土壤环境并无太大差别。如开采砖瓦用黏土的矿山，矿山开采并没有改变表层土壤质地，其破坏的表层土壤会逐渐恢复。

三是井工开采的矿山，除局部矿山废渣堆积外，基本未对表层土壤造成破坏，其土壤环境将保持平稳发展。

8.3.5　不同区域矿山生态环境发展趋势

因地质环境背景不同，矿山发展趋势也有所差异。陇东黄土高原地区降雨充沛，土壤肥沃，植被自我恢复条件良好，矿山开采往往不改变表层土壤质地，如平凉市、庆阳市等地区开采煤矿及砖瓦用黏土的矿山，停止开采后植被能在短时间内恢复，调查期发现已有大量矿山的植被自然恢复。相对应的，陇西黄土高原地区因气候干旱，降雨较少，生态环境较脆弱，自然恢复能力有限，尤其是北部白银市地区，其风化层较薄，植被自然覆盖率十分低，其矿山生态环境的恢复必须借助人力，否则很难有所改善。甘南高原、西秦岭地区自然环境条件优越，生态环境的自然恢复能力强，矿山生态环境会不断好转，重点需对采矿废渣进行集中处理，避免其污染水土环境。

8.3.6　典型案例

现以兰州市永登县武胜驿镇富强堡村 CT6201212017000066001 和 CT6201212017000066002 图斑（图8-3）为例进行介绍。

（a）图斑CT6201212017000066001

（b）图斑CT6201212017000066002

图8-3　矿山图斑影像图

(1) 矿山基本情况

永登县西北部山区出露震旦系、奥陶系古老地层，多产建材及其他非金属矿产。本次现场调研矿山位于永登县北部武胜驿镇富强堡村西侧 600 m，其中，矿区西侧的 CT6201212017000066002 图斑主要为露天采场，矿区东侧的 CT6201212017000066001 图斑主要为废石堆场，开采矿种为辉绿岩，开采方式为露天开采，矿山于 2017 年前关闭，属责任人灭失的废弃矿山。

该矿山距离兰张铁路（在建）800 m，距离 312 国道 1 km，距离连霍高速 1.3 km，区位条件十分敏感。

(2) 矿山生态环境破坏情况

矿区西侧主要为开采区，地形地貌破坏十分严重，造成山体破坏面积 0.883 0 hm²，最大破坏高度达 66 m，采矿活动于中下部开挖山体，停采后未对上部危岩体进行清除，使上部岩体失稳形成崩塌群，崩塌体体积 1.2 万 m³，其规模属中型。此外，矿山开采产生的废渣就近顺坡堆积，堆积面积近 2 hm²，以小粒径的碎石为主，堆积高度一般较小。

矿区东侧处于冲沟交会处，采矿废渣大多堆积于沟脑，占据沟道，堆积面积 2.2 hm²，最大堆积高度达 28 m。由于斜坡下部开挖形成临空面，沟脑处发育一小型牵引式岩质滑坡，滑坡两侧均以坡面上的小冲沟为界，后缘可见明显拉张裂缝，前缘剪出口位于沟道内，滑坡后壁高约 1 m，滑动面陡倾，滑体呈下坐式滑动，整体滑移距离较小，在滑体表面黄土沿基岩接触面还形成次级小滑坡。

该矿山内的两个图斑距离城镇村、交通干线近，区位条件敏感，山体破坏（堆积）高度大，破坏了原有草地、土壤，并且均发育地质灾害，生态破坏基本状况等级为严重（图 8-4）。

(3) 矿山生态环境发展趋势预测

1）地质安全隐患

该矿山停采后，因未对危岩体进行清除，开采掌子面存在大量危岩体，危岩体不断崩塌形成崩塌群，经过长期的地质环境作用，不稳定岩体基本全部崩落，目前整体稳定，不会造成大规模地质灾害。废渣沿沟道堆积，整体较稳定，但遇连续强降雨有诱发泥石流的风险。总之，从地质安全隐患的角度考虑，该矿区岩土体总体保持稳定，遇地震或极端天气可能引发新的地质灾害（图 8-5）。

（a）露天采场

（b）废石堆场

图8-4　历史遗留矿山生态环境破坏典型照片

（a）崩塌群

（b）滑坡

图8-5 历史遗留矿山地质灾害典型照片

2）地形地貌破坏

该矿山地形地貌破坏十分严重，必须通过人工辅助措施才能恢复。采矿废渣可通过人工清理恢复原始地貌，但是山体破坏高度较大，开采面近乎直立，恢复难度较大，很难恢复到原始地貌。因此，该矿山地形地貌破坏只有在人工辅助修复的情况下才能有所改善。

3）土地资源损毁

矿区内土地利用类型主要为建设用地，存在少量草地。矿山停采后，土地闲置，地表植被逐渐恢复，生态环境有明显改善。

4）土壤破坏

矿区内原始表层土壤质地为壤质，矿山开采使基岩裸露或者采矿废渣堆积在地表，破坏了表层土壤。土壤的形成需要经过漫长的地质营力作用，因此，土壤环境在短期内不会改善，将保持现状。

第9章　矿山生态修复建议

9.1　生态修复原则

9.1.1　甘肃省黄河流域历史遗留矿山生态修复面临的挑战

（1）历史遗留矿山基数大，生态修复任务艰巨

甘肃省特殊的地理位置在国家"两屏三带"生态安全格局中占据着非常重要的地位，同时甘肃省作为黄河流域生态保护和高质量发展战略省份之一，承担着维护祁连山生态保护、黄河上游水源涵养、黄土高原水土保持、秦岭生物多样性维护等生态功能的重任。根据甘肃省黄河流域历史遗留矿山生态破坏与污染状况调查评价成果，目前甘肃省黄河流域仍有1 994个历史遗留矿山（图斑）需要进行生态修复，面积达6 291 hm²。依据现阶段规划任务、目标，"十四五"期间全面完成历史遗留矿山生态修复和矿山环境污染治理工作的任务重、难度大。

（2）地质环境条件多变，生态环境问题复杂

甘肃省地处青藏、黄土、内蒙古三大高原交会地带，处于半湿润区向干旱区的过渡地带，地域狭长，地貌形态多样，地质构造复杂，自南而北由中高山山地向黄土高原及内陆盆地过渡，北部有戈壁、沙漠分布，风力作用强烈，中部黄土高原流水侵蚀强烈，水土流失严重，南部陇南山地断裂构造发育，滑坡、泥石流灾害密布。省内大部分地区降水量少，植被覆盖率低，生态地质环境十分脆弱。在这种复杂而脆弱的自然地质环境下，矿区生态环境问题具有广泛性、多发性和复杂性。

（3）矿山生态修复经费不足，资金缺口大

目前，国家层面出台了利用市场化手段推进废弃矿山生态修复的相关意见，这充分体现了国家对历史遗留矿山进行修复的决心，但生态效益高、公益属性大、经济效益低的治理项目仍然主要依靠财政资金开展修复工作。甘肃省属经济欠发达省份，财政收入低，可用于矿山地质环境修复治理的费用少，资金缺口较大，地方配套资金不到位导致大部分的相关工作难以推进。

（4）相关制度体系不完善，工作开展困难

从国家层面到甘肃省层面，在矿产资源开发管理、矿山地质环境保护等方面已经构建了一套比较完整的法规体系，但许多条款比较宏观，与矿山环境保护法规体系相配套的管理制度、责任机制及实施规章等尚不健全，具体实施时存在一定难度。例如，自然恢复矿山的认定缺乏统一标准和认定程序，导致矿山生态修复方向不明确、针对性不强；转型利用矿山无规范的用地手续，现阶段已完成转型利用的矿山材料不齐全，无法通过自然资源部核查销号。

（5）矿山生态修复经验不足，技术手段匮乏

矿山生态修复工程的大规模展开，使得良莠不齐的施工队伍涌入矿山生态修复领域，相关工程施工队伍对矿山生态修复的系统性、整体性、科学性认识不足，加之知识储备不足、技术水平有限，经常发生"一年绿、二年黄、三年死光光"的现象。目前，甘肃省矿山环境保护和治理措施在技术手段上处于较低的水平，矿山废水、废渣的综合利用率一直在低水平附近徘徊，90%以上的矿山固体废弃物没有被加以利用。对于不同地区、不同地质背景下的历史遗留矿山生态环境问题，采取过于简单化、模式化的修复方式，未能做到因地制宜、"一矿一策"。

（6）矿山地质环境监测体系未建立，动态监管困难

甘肃省除一些大型矿山或部分中型矿山企业部署了矿山地质环境监测工作外，绝大部分矿山的地质环境监测工作基本处于空白状态，全省尚未开展矿山地质环境监测工程，难以有效并实时掌握全省矿山地质环境的变化动态及演化趋势，使政府主管部门对矿山环境监督管理及政策的制定缺少基础依据，也不利于对矿山地质环境保护与修复治理的监管。

9.1.2　生态修复原则

历史遗留矿山的生态修复应着眼于整个生态系统，充分考虑各生态要素相互依存、相互影响、相互制约等特点，坚持"山水林田湖草是一个生命共同体"的理念，将所在区域受损生态系统作为一个有机整体，统筹山水林田湖草各生态要素进行系统修复，整体设计，统筹推进，分步修复受损的生态功能。根据矿山所在区域的生态功能区划与生态系统特征，综合考虑矿区自然气候条件、矿山环境问题及其危害等，统筹兼顾各类场地的地形地貌特征，分析矿山生态修复的适宜性。依据生态功能重要性、区域经济发展水平及修复紧迫程度，准确把握好自然修复与人工修复之间的关系，合理选择历史遗留矿山修复方式。按照尊重自然、顺从自然的原则，在无修复紧迫性的前提下，优先选择自然修复；对于迫切需要进行生态修复的区域，优先考虑影响人类生命财产安全的矿山生态问题，在消除地质灾害隐患、保障人民群众生命财产不受威胁的基础上，根据区域特征修复原有受损生态服务功能，兼顾地貌、重建植被、营造景观，满足人民群众对美好生态环境的向往。

（1）生态优先，绿色发展

牢固树立"绿水青山就是金山银山"的理念，按照生态良好的要求，统筹考虑人与自然的关系。依法保护相关权利人的合法权益，推动生态产品价值实现和生态修复产业高质量发展，不断满足人民群众日益增长的对优美生态环境和优质生态产品的需要。

（2）自然恢复为主，人工修复为辅

保护生物多样性与生态空间多样性，加强区域整体保护和塑造。根据生态系统退化、受损程度和恢复能力，合理选择保育保护、自然恢复、辅助再生和生态重建等措施，恢复生态系统的结构和功能，增强生态系统的稳定性和生态产品的供给能力。

（3）统筹规划，综合治理

坚持长远结合、久久为功，按照整体规划、总体设计、分期部署、分段实施的思路，科学确定生态保护修复目标，合理布局项目工程，统筹实施各类工程，协同推进山上山下、地上地下、岸上岸下、流域上下游山水林田湖草沙一体化保护和修复，增强保护修复效果。

（4）问题导向，科学修复

追根溯源，系统梳理隐患与风险，对自然生态系统进行全方位生态问题诊断，提高问题的识别和诊断精度。按照国土空间开发保护格局和管制要求，针对生态问题及其风险，充分考虑区域自然禀赋，因地制宜开展保护修复工作，提高修复措施的科学性和针对性。

(5) 经济合理，效益综合

按照财力可能、技术可行的原则，优化工程布局、时序，对保护修复措施进行适宜性评价和优选，提高工程效率，避免相关专项资金重复安排，实行低成本修复、低成本管护，促进生态系统的健康稳定、可持续利用与价值实现，实现生态、社会、经济等综合效益。

9.1.3　生态修复总体思路

(1) 师法自然，顺应自然

相信自然恢复的力量，科学合理地开展矿山生态修复工作。首先，坚持以自然恢复为主的原则，科学评估矿山造成的生态环境影响和地质灾害隐患等对人类生产生活造成的影响；其次，从资源、政策、资金等多方面开展可行性分析，根据评估分析结果确定矿山生态修复的措施，如管控措施、工程措施、生物措施等。生态修复要尊重自然，因地制宜，参照修复区周边现有的稳定生态系统，统筹兼顾、整体实施，进行地貌重塑、土壤重构和植被恢复，师法自然，科学运用仿自然地貌原理，将生态修复与当地自然环境相融合。

(2) 完善相关制度，保障项目实施

以规划的重大项目、历史遗留矿山核查数据为基础，将历史遗留矿山修复治理项目纳入统一规划，采用自然修复矿山的认定标准，对一些偏远的历史遗留矿山进行自然修复认定，合理管控，把时间、精力、财力用到刀刃上。项目承担单位要及时梳理国家和甘肃省的相关法律法规、政策文件，加强培训指导，以试点项目为基础，归纳总结矿山生态修复的质量标准和验收规范，加快推进具有甘肃省特色的认定标准、指南、技术标准及验收规范的制定，明确验收组织、对象、要求和程序等。对能够投入产业的历史遗留矿山修复项目要有明确的上位规划指导，同时制定工作推进、落实方案，有清晰的规划目标、明确的政策支持路径，吸引更多的社会资本，加快生态修复的实施，实现生态效益与经济效益双赢。

(3) 探索市场化运作，多渠道筹集资金

中央对生态效益好、公益属性大的矿山生态修复项目安排了专项资金，用以带动社会资本，推进区域内矿山的综合整治。项目承担单位要对专项资金进行严格把控，充分发挥矿山自身资源潜力，通过统筹整合各类资金，结合现阶段大力实施乡村振兴战略的契机，对历史遗留矿山进行修复治理，利用各类助农、惠农政策达到可利用状态；同时，积极探索建立生态修复过程中产生的自然资源、生态修复产品市场化的交易渠道，制定交易原则，依托公共资源平台，规范市场化体系。

（4）聚合力量，协同创新

相关部门应加大对生态修复工程技术的研发和创新力度，加强自然学科与工程类学科的交流互补，将理论与实践相结合，积极引入先进的修复技术，通过试点项目吸取有益的经验和技术，并推动修复技术的不断升级，推动科研成果的转化应用。通过多机构有效协同、多学科充分融合，共同解决干旱半干旱地区的生态修复难题。通过探索生态系统的内在运行机理，揭示生态系统的时空演替规律，推动生态修复精准化、科学化、模块化，避免盲目进行生态修复。

（5）创新"生态修复+产业导入"，实现资源综合利用

充分利用历史遗留矿山的废石废料、土地资源、空间优势等，以创新的商业模式实现历史遗留矿山的功能化和资源化。根据统筹兼顾、因地制宜、分类实施的原则，通过"生态修复+产业导入"，实现历史遗留矿山的价值。通过加强探索、吸取各地成功经验，在更多历史遗留矿山生态修复项目中导入合适的产业，弥补矿山修复经费投入不足的问题，同时带动产业发展，实现历史遗留矿山生态修复工作社会效益、经济效益和生态效益的有机统一。

（6）建立矿山地质环境监测体系，逐步实现动态监管

开展典型矿区矿山地质环境监测试点，探索建立省、市、县、矿山企业矿山地质环境监测体系，根据矿山分布、建设规模、开采方式、采矿活动对地质环境的影响程度及矿山开发利用状态，确定矿山地质环境监测级别，并进行分级监测。充分利用高新技术、自动信息采集技术，辅以传统监测方法，建立甘肃省矿山地质环境动态监测系统。通过开展矿山地质环境动态监测，进一步认识矿山地质环境问题及其危害，掌握矿山地质环境的动态变化，预测矿山地质环境的发展趋势，为合理开发矿产资源、保护矿山地质环境、开展矿山地质环境综合整治及矿山生态环境恢复、实施矿山地质环境监督管理提供基础资料和依据。

（7）保障能源安全，推进资源开发与环境保护协同发展

我国是能源资源较丰富的国家之一，可谓是"地大物博"，但我国人口基数大，人均占有能源相对较少，而且长期以来我国经济增长主要依靠高能源消耗来实现，造成了环境污染、生态破坏、能源短缺等一系列问题，使能源的角色

逐渐从经济发展的引擎变成了经济发展的制约因素，能源安全问题日益成为影响经济社会可持续发展的重要制约因素，成为生态文明建设面临的重大挑战。

党的十八大以来，习近平总书记在国内外多个场合多次论述了经济发展、能源节约和环境保护之间的关系，提出"绿水青山就是金山银山""牢固树立保护生态环境就是保护生产力、改善生态环境就是发展生产力的理念""坚决摒弃损害甚至破坏生态环境的发展模式""坚持节约资源和保护环境的基本国策""像保护眼睛一样保护生态环境，像对待生命一样对待生态环境""环境就是民生，青山就是美丽，蓝天也是幸福"等科学论断，为实现更高质量、更有效率、更加公平、更可持续的发展指明了方向和路径。

经济高质量发展、能源高效率利用和环境高水平保护这三者之间有着密不可分的关系，相辅相成，缺一不可。随着能源的日益紧缺和环境污染的日益加重，人们对经济、能源、环境协同发展的认识日益加深，目前经济、能源、环境之间的关系正在朝着高质量协同发展的方向稳步迈进。"十四五"及中长期亟须加快低碳可持续发展推动经济高质量发展、能源高效率利用和环境高水平保护（"一低推三高"）的步伐，不断满足人民日益增长的美好生活需要、安全高效能源需要和优美生态环境需要。

围绕国家能源安全保障，充分发挥地质队伍找矿主力军作用，坚定新一轮找矿突破战略行动的决心和信心。加大基础地质调查投入，加强紧缺型战略矿产勘查，加大矿业政策供给。要推进地质找矿工作，必须充分发挥地质队伍的主力军作用，只有充分调动和切实保护好探矿人的积极性，才会有源源不断的找矿新发现。推进地质找矿工作，涉及理论、技术、资料、经验、资本、人才等一系列问题，要加强制度创新，完善运行机制，加大政策支持力度，鼓励、支持社会资本进入，协调好保护与发展的关系，营造良好的市场环境，充分调动各方面积极性，着力激发地质队伍找矿和矿业开发的活力。

实施生态环境保护不是不开发、不利用，建设绿色矿山不是单纯地进行矿区绿化或者复绿，而是要体现矿山全生命周期"能源、环境、经济、社会"等综合效益的最优化。既要保障能源安全，又要合理开发、保护环境，在矿产资源开发的全过程中，既要严格实施科学有序的开采，又要将对矿区及其周边环境的扰动控制在环境可控制的范围内。对于必须破坏扰动的部分，应当通过科学设计、先进合理的有效措施，确保矿山的存在、发展直至终结始终与周边环境相协调。

9.2　生态修复模式

9.2.1　矿山生态修复模式

矿山生态修复根据生态修复手段可分为保护保育模式、自然恢复模式、辅助再生模式、生态重建模式，根据生态修复方向可分为复垦复绿模式、建设用地模式、生态景观模式、自然封育模式。

（1）按生态修复手段划分

根据生态环境现状问题、生态保护修复目标及标准等，对各类型生态保护修复单元分别采取以保护保育模式、自然恢复模式、辅助再生模式或生态重建模式为主的保护修复模式。

1）保护保育模式

对于代表性自然生态系统、珍稀濒危野生动植物物种及其栖息地，采取建立自然保护地、去除胁迫因素、建设生态廊道、就地和迁地保护及繁育珍稀濒危生物物种等途径，保护生态系统的完整性，提高生态系统的质量，保护生物多样性，维护原住民的文化与传统生活习惯。

2）自然恢复模式

对于轻度受损、恢复能力强的生态系统，主要采取切断污染源、禁止不当放牧和过度猎捕、封山育林、保证生态流量等消除胁迫因子的方式，加强保护措施，促进生态系统的自然恢复。

3）辅助再生模式

对于中度受损的生态系统，结合自然恢复，在消除胁迫因子的基础上，采取改善物理环境、参照本地生态系统引入适宜物种、移除导致生态系统退化的物种等中小强度的人工辅助措施，引导和促进生态系统逐步恢复。

4）生态重建模式

对于严重受损的生态系统，要在消除胁迫因子的基础上，围绕地貌重塑、生境重构、植被和动物区系恢复、生物多样性重组等方面开展生态重建。生境重构的关键是消除植被（动物）生长的限制性因子；植被恢复首先要构建适宜的先锋植物群落，在此基础上不断优化群落结构，促进植物群落的正向演替进程；生物多样性重组的关键是引进关键动物及微生物，实现生态系统中完整食物网的构建。

（2）按生态修复方向划分

根据生态修复过程中产生的经济、社会、生态效益，矿山生态修复模式可分为复垦复绿模式、建设用地模式、生态景观模式、自然封育模式。

1）复垦复绿模式

对于主要在河谷平原区，满足矿区开采前主体为农业土地利用类型，开采后水土污染较轻、土壤质量下降较少、土壤肥力无明显损失且水资源较为丰富等条件的矿山，可采取土地平整措施，"挖深垫浅""划方整平"，将其整理成农业用地，耕种当地优势农作物，恢复土地的生产能力。对于位置偏僻的煤炭矿山和建材型非金属废弃矿山，可根据原始土地利用类型，结合当地优势物种进行植被恢复。对于采矿形成的高陡边坡，可在裸露的山体和采坑岩壁上通过条带式或穴植式覆土进行垂直绿化，使山体迅速复绿，愈合采矿残留的"伤疤"，减少视觉污染，恢复其良好的生态环境景观。

2）建设用地模式

对于在城镇或城乡接合部附近的废弃矿山，若其满足露天开采、地面较平整、地表坡度较平缓，或者井工开采、采空区已回填、轻微塌陷区已达稳沉状态等条件，则可采取相应工程措施，进行地基稳定处理，消除崩塌、滑坡、泥石流等地质灾害隐患后用作建设用地。将矿山环境治理与土地开发利用相结合，将其建设成商业住房、工业开发区等，缓解城市用地紧张问题，促进城市转型发展。

3）生态景观模式

对于在城镇附近、自然生态景观良好或拥有悠久矿业开发历史和丰富矿业文化底蕴的矿业园区，可以通过创建生态景观公园、矿山主题公园等方式，以特色休闲旅游为主导，将自然景观资源与矿山文化资源相结合，提升城市生态品质，打造城市旅游品牌。将废弃采矿园区建设成矿山公园或将积水采煤塌陷区建设成生态景观公园，一方面可以满足人民群众对美好生态环境的需求，另一方面可以弘扬矿业文化，促进矿山的经济转型，推动矿山经济的可持续发展。

4）自然封育模式

对于在人迹罕至的偏僻地域或生态脆弱敏感区的废弃矿山，不宜大面积开展人工整治修复工程或将矿区平整复垦为农业用地、建设用地，应以自然修复为主，主要采取封育手段，限制人类活动对矿区生态环境的影响，使矿区原有生态系统结构与功能得到自然恢复。

9.2.2　生态修复模式选择

无论采用哪种修复模式，都应结合矿山所在区域的生态脆弱性和敏感性、矿山生态环境问题的严重程度、人工修复技术的可行性和经济合理性以及开发利用价值等综合判断。可通过以下两步完成生态修复模式的选择：

第一步，根据矿山所处区位条件，生态修复过程中产生的经济、社会、生态效益，确定矿山生态修复方向。

第二步，根据矿山生态环境问题、破坏方式及程度，确定生态修复所要采取的手段。

9.3　生态修复主要技术

9.3.1　边坡固定及工程绿化技术

部分发达国家已较早地将工程手段用于矿山废弃地的生态修复，开发了多种边坡固定和工程绿化技术，包括种子喷播法、纤维绿化法、钢筋水泥框格法、植生卷铺盖法、客土喷播法、植生吹附法、生态多孔混凝土绿化法、液压喷播植草法、双向格栅技术、生态植被带生物防护法、挂网植生基材喷附技术、生态灌浆技术、六棱连锁砖网格植草护坡技术等。近些年来国内也开发了一系列恢复技术，其中广泛应用的有厚层基材喷射绿化技术、生态植被毯铺植技术、植被混凝土技术、PMS基材喷附技术、VRT矿山植被恢复技术等。由于各矿山废弃地立地条件有所差异，在生态修复过程中所采取的工程技术措施也不尽相同。沈烈风（2012）根据矿山废弃地场地的不同坡度，将生态修复工程技术分为3类：对于小于40°坡面，采取喷混植生技术、土壤生物工程技术、柔性边坡技术、挂绿化笼砖技术；对于40°～75°坡面，采用植生槽技术、阶梯爆破技术、厚层喷射法、爆破燕窝覆绿法、喷播法、筑台拉网法；对于大于75°坡面，则采用造景等方法。

9.3.2 土地复垦技术

对废弃矿山的土地利用方向进行分析，从而确定对废弃矿山所采取的措施就是土地复垦技术。在进行科学合理的分析后，往往根据实际情况将废弃矿山用于种植、绿化等多个方面，在具体的过程中还要根据需要对废弃土地进行肥化、净化、恢复等。工程复垦是指根据采掘工程的需要，对露天采坑和采空区，按照地形、地貌现状及复垦利用方面的要求，进行回填、堆垒和整治，并采取必要的防洪和环保治理的一系列工程措施。矿坑充填复垦主要是先进行表土剥离，然后在采集表土覆盖废渣的同时，充填矿坑，犁松底板黏土，从而平整底板，一同覆盖表土。生物复垦是工程复垦的延续，是土地复垦过程中不可缺少的一部分，例如：筛选作物品种；作物轮作和间种；采取各种培肥措施；监测土壤及农作物中有毒有害的元素，采取措施减少危害；加速复垦地生土熟化，边坡植被覆盖，农、林、牧、渔、副等复垦模式的优化配置等。以上措施对提高土壤肥力和作物产量水平都起着重要的作用。

9.3.3 土壤改良技术

土壤作为生态系统最基本的组成成分，对矿山废弃地的生态修复起着决定性作用，改良土壤理化性质和营养状况是矿山废弃地生态修复的重要目标，目前土壤改良的主要技术方法有物理改良法、化学改良法和生物改良法。

物理改良主要采用排土、换土、客土混合机深耕翻土等方法，根据矿山废弃地不同的实际需要选择不同的方法。在矿山废弃地生态修复实践中，往往采取排土后混合客土来改良土壤的方法，采矿前将土壤分层取走保存，工程结束后对废弃地进行修复时将原土运回加以利用，这种方法已成为许多国家目前保护矿山环境的标准方法。此外，矿山废弃地土壤通常较为紧实，因此，在采取土壤化学改良法和生物改良法之前先通过深耕翻土改良土壤的紧实度和土壤的结构；对于土层过薄或污染严重的矿山废弃地，客土法成为必要的改良方法，同时采用水泥、黏土、石板、塑料等防渗材料，把污染土壤就地与未污染土壤或水体分开，以减少或阻止污染物扩散到其他土壤或水体。近年来，有些国家采用电渗析法来修复矿山废弃地土壤中的重金属，即通过电渗析法对土壤中的重金属进行集中收集处理，这种方法简单，但因受到土壤复杂性的影响而难以广泛应用。

化学改良过程中通常向土壤中加入材料或试剂来改良土壤的理化性质，大量实践表明，在矿山废弃地土壤中加入堆肥、粪肥、木屑、绿色垃圾或无毒有机污泥等能够有效提高土壤养分含量，研究发现木屑可以显著提高非禾本科草本、灌木和乔木的存活率；城市污泥也被广泛应用于矿山废弃地基质改良，其中含有丰富的营养元素和有机质，同时具有较强的黏性和持水性，对提高土壤微生物活性和增加土壤肥力有较好效果。对于矿山废弃地的酸碱化倾向，石灰或碳酸钙能有效改良过酸性废弃地，硫酸铁、硫黄等酸性物质能有效改良过碱性废弃地；对于矿山废弃地土壤中的重金属污染，实践表明，部分化学试剂如磷酸盐、钙离子、EDTA等可以有效降低重金属毒性，减轻其对土壤的污染。

生物改良是指利用植物、土壤动物和微生物的生命活动及其代谢产物来改良土壤的理化性质和土壤营养状况。相关研究表明，豆科植物能够生长在土壤污染严重的矿山废弃地中，使矿山废弃地中的氮含量显著提高，此外，杨梅、沙棘等都具有较强固氮能力。近年来，利用植物来提取和降低矿山废弃地土壤中的重金属为土壤改良提供了新途径，大量实践表明，Pb、Cd、Cr、Mn、As、Zn、Cu、Hg等重金属超富集的植物有30多种，其中，鸭跖草可以大量富集Cu，蜈蚣草可以大量富集As，东南景天、鬼针草和酸模可以大量富集Pb，商陆可以大量富集Mn，此外，还可以通过现代生物技术克隆耐重金属污染的基因，用于改良和培育矿山废弃地中重金属富集的植物种类。土壤动物在改良土壤结构、增加土壤孔隙度及增强土壤肥力等方面都发挥着重要作用，Boyer S等人研究发现，通过灌水、电击等方法将蚯蚓引入矿山废弃地后，蚯蚓的活动可以增加土壤的孔隙度，有效改良土壤的物理结构，同时蚯蚓还可以起到富集重金属的作用。微生物能够有效促进植物营养吸收、改良土壤结构、减弱重金属毒性等，目前大量矿山废弃地的生态修复中已将微生物肥料用于土壤的改良，研究表明，根瘤菌与豆科植物共生可以将大气中的氮气转化为氮素固定到土壤中，利于土壤中氮元素的积累，在土壤中接种菌根利于植物对P、Mo元素的吸收，可以减轻土壤中的Mo污染。

9.3.4　植物物种选择、配置及种植技术

矿山废弃地植被恢复是矿山废弃地生态系统修复和重建的基础，因此，植物物种选择、配置和种植技术的探索一直是矿山废弃地植被恢复的研究热点。目前，针对不同类型矿山废弃地适宜物种的选择已有大量研究，其中，豆科、

菊科、禾本科植物是矿山废弃地生态修复的先锋物种，它们具有很强的适应性，对改善土壤理化性质和营养状况的效果明显，尤其是具有根瘤和茎瘤的一年生豆科植物，是理想的先锋物种；水蜡烛、假俭草等草本植物对铜矿废弃地具有优良的适应性；禾本科和茄科对铅锌矿山废弃地具有较好的适应性。Burton、张光灿、安俊珍等对矿山废弃地植被恢复过程中适宜植物群落组成及合理种植密度进行了研究；赵方莹对北京首云铁矿矿山废弃地植被恢复物种配置方式进行了研究，结果表明采用拟自然的配置方式，实行乔灌草复层混交，可以有效提高植被覆盖率、增强土壤肥力，并能恢复植被的生物多样性。另外，对于土壤水分相对缺乏的矿山废弃地，可采用容器苗造林技术、保水剂技术、ABT生根粉技术等各类抗旱栽植技术。生物技术被广泛地应用于促进矿山废弃地植被恢复成活中，实践证明，AM菌根能够通过促进植物对养分的吸收增强植物抗逆性，在矿山废弃地酸性土壤中植入根瘤菌和种植乡土豆科植物可以使恢复植被的成活率显著提升。

9.4　生态修复分区

2023年6月，自然资源部印发《中国陆域生态基础分区（试行）》（自然资办发〔2023〕19号，以下简称《分区方案》），将全国陆域生态系统在不同区域尺度上进行了综合分区，旨在夯实国土空间生态保护修复工作基础，为分区分类开展生态保护修复、生态监测评价预警等工作提供国家统一的基础性框架，为维护国家生态安全和提升生态系统多样性、稳定性、持续性提供技术支撑。

《分区方案》从满足国家山水林田湖草沙一体化保护和系统治理需要、维护国家生态安全出发，立足我国自然地理格局，遵循生态系统演替内在规律，坚持系统观念，一体化考量地上、地表、地下自然要素，综合考量气温、降水、地貌、土壤、植被、土地利用类型、构造、成土母岩、地下水等要素的空间相似性和分异性，以及造成生态区域差异性的主导要素，以第三次全国国土调查成果为基底，利用空间分析技术、遥感综合判释技术和野外实地验证，采用自上而下、逐级嵌套方式进行不同区域尺度上的综合分区，将全国陆域（不含港澳台地区）生态系统在不同区域尺度上分为一级生态区6个、二级生态区47个、三级生态区233个。

根据《分区方案》，甘肃省黄河流域涉及一级生态区3个、二级生态区3个、三级生态区4个（图9-1），分述如下。

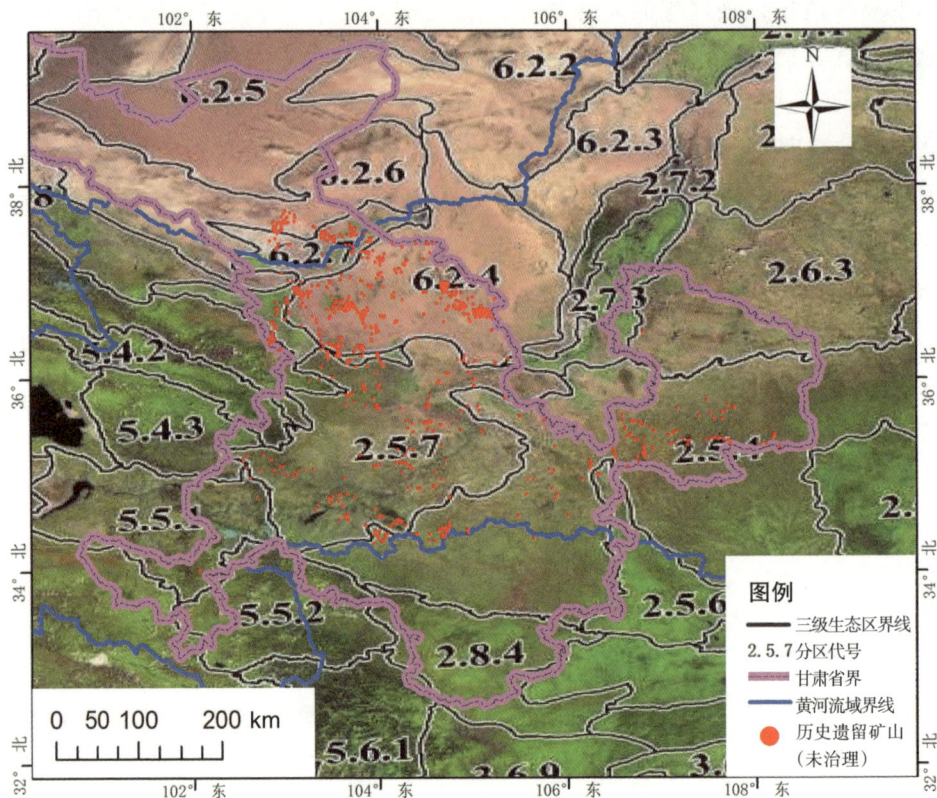

图9-1　甘肃省黄河流域生态分区图

9.4.1　黄河重点生态区

黄河重点生态区共涉及一个二级生态区，即黄土高原生态区。该区属暖温带半干旱半湿润气候，年均降水量200～680 mm。地貌类型以中山、低山、丘陵、台地等黄土地貌为主。土壤以黄绵土为主，成土母质以松散堆积型为主，质地疏松，极易渗水，抗侵蚀能力弱，易产生水土流失。该区是我国中部地区重要的动植物种质资源基因库，具有重要的水土保持、防风固沙和生物多样性保护等功能。

9.4.2　青藏高原生态区

青藏高原生态区共涉及一个二级生态区，即三江源生态区。该区属高原亚寒带半干旱半湿润气候，年均降水量260～760 mm。地貌类型以高山和高原地貌为主。土壤以寒冻土、寒钙土、草毡土为主，成土母质以易风化型、难风化型为主。该区是长江、黄河、澜沧江的发源地，有"中华水塔"之称，是全球大江大河、冰川、雪山、冻土及高原生物多样性最集中的地区之一，具有重要的水源涵养、生物多样性保护和防风固沙等功能。

9.4.3　西北生态区

西北生态区共涉及一个二级生态区，即阿拉善-河西走廊生态区。该区属中温带干旱气候，年均降水量40～360 mm。地貌类型以丘陵、戈壁地貌为主。土壤以灰漠土、风沙土为主，成土母质以松散堆积型为主。该区是我国北方沙尘暴的发源地之一。该区沿河分布的湿地、草地呈斑块状镶嵌于荒漠之中，是阻隔沙地扩张的重要屏障，具有重要的防风固沙和农产品提供功能（表9-1）。

表9-1　甘肃省黄河流域生态分区表

一级区	二级区	三级区	分区代号
黄河重点生态区	黄土高原生态区	陇东-陕北黄土丘陵农田和森林生态区	2.5.4
		河湟谷地-陇中中山草地生态区	2.5.7
青藏高原生态区	三江源生态区	黄南高山草地生态区	5.5.1
西北生态区	阿拉善-河西走廊生态区	腾格里沙漠荒漠生态区	6.2.4

9.5　各区生态修复对策

9.5.1　陇东-陕北黄土丘陵农田和森林生态区

该区主要涉及平凉市、庆阳市、天水市等地区，其矿种以煤、砖瓦用黏土、建筑用砂为主。其中，煤主要分布在平凉市华亭市，多为井工开采，其对地形地貌、土地资源、表层土壤的破坏程度较小，局部存在采煤沉陷区；砖瓦用黏土主要在黄土丘陵地带沿沟谷两侧开采，在宽阔谷地地段建设工厂，图斑内往往存在砖窑，部分矿区存在随意倾倒垃圾等现象；建筑用砂主要分布在沟谷地段，多形成较平整的场地，仅少数形成露天采坑，并且采坑规模较小。

对于采煤形成的沉陷区，设立矿山生态环境恢复治理专项，运用专项资金进行重点治理。主要治理措施为采空区回填，地表塌陷坑、地裂缝回填，排水渠修筑，对地表存在的废渣进行清理。

对于开采砖瓦用黏土的矿山，可针对其形成的宽阔空地进行转型利用，可用于建设工厂、养殖场等。对于不适宜转型利用的砖瓦厂，应通过辅助再生的方式进行恢复治理，主要措施有分级削坡或反压坡脚、植树种草、拆除砖窑、废渣清理等。

对于沟谷地段开采建筑用砂形成的场地，建议自然恢复，对大型露天采坑进行回填并覆土复绿。

9.5.2　河湟谷地–陇中中山草地生态区

该区主要涉及定西市、兰州市南部、甘南州东北部，其矿种以贵金属（金）、有色金属（铅、锑、铜）、砖瓦用黏土、建筑用砂为主。其中，贵金属及有色金属集中分布在甘南州、定西市岷县、定西市漳县等地，这些地区在地形地貌上属西秦岭地区；砖瓦用黏土、建筑用砂主要分布在定西市中部以北地区。开采贵金属、有色金属矿的矿山以露天开采为主，其对地形地貌的破坏十分严重，矿山停采后产生大量废渣堆积于原地，植被很难恢复，而且容易造成水土污染。砖瓦用黏土主要在黄土丘陵地带沿沟谷两侧开采，在宽阔谷地地段建设工厂，图斑内往往存在砖窑。建筑用砂主要分布在沟谷地段，多形成较平整的场地，仅少数形成露天采坑，并且采坑规模较小。

对于开采贵金属、有色金属造成的矿山生态破坏，应采取生态重建的方式进行修复，对采矿形成的高陡边坡进行分级削坡，在边坡上进行带土球穴植，对不宜削坡的边坡反压坡脚并挂网喷播，对采矿形成的废渣应回收利用，对难以利用的废渣可以用于反压坡脚或进行外运清理。

砖瓦用黏土与建筑用砂矿山的治理措施与陇东–陕北黄土丘陵农田和森林生态区类似。

9.5.3　黄南高山草地生态区

该区主要涉及甘南州玛曲县，其矿种以建筑用砂及砖瓦用黏土为主，其对生态的破坏程度较轻。该区生态环境总体较好，自然恢复能力强，建议以自然恢复为主。

9.5.4　腾格里沙漠荒漠生态区

该区主要涉及白银市、兰州市东北部、武威市东南部等地区，其矿种以建筑用砂为主。其中，白银市、武威市地区开采建筑用砂对矿山生态环境的破坏程度较轻，多于沟谷、山间盆地开采，其规模虽较大，但未形成大型采坑，恢复治理难度较小；兰州市东北部地区开采建筑用砂对矿区生态环境的破坏程度较严重，往往形成大型露天采坑。

该区生态环境脆弱，干旱少雨，生态环境自然恢复能力差，建议对历史遗留矿山使用辅助再生的方式进行治理。对矿区地形地貌破坏程度较轻、地表较平整的地区进行覆土复绿，对一些大型采坑进行回填，并覆土复绿，种植植被宜以耐旱草本植物为主。

第10章　矿山调查评价数据库

10.1　调查采集系统

甘肃省黄河流域历史遗留矿山生态破坏调查评价使用的调查采集系统为甘肃省自然资源厅自主研发的"甘肃省黄河流域历史遗留矿山生态破坏调查评价系统"（图10-1）。该系统分为数据采集端（图10-2）和后台管理端，在数据采集端可进行甘肃省黄河流域历史遗留矿山生态破坏基本情况的填报和编辑，并且数据采集端能自动生成相应的基本情况表；在后台管理端可对甘肃省黄河流域历史遗留矿山生态破坏调查采集的数据信息进行实时的查询和筛选，并根据填报数据进行矿山单要素分级和单矿山生态破坏基本状况评价。

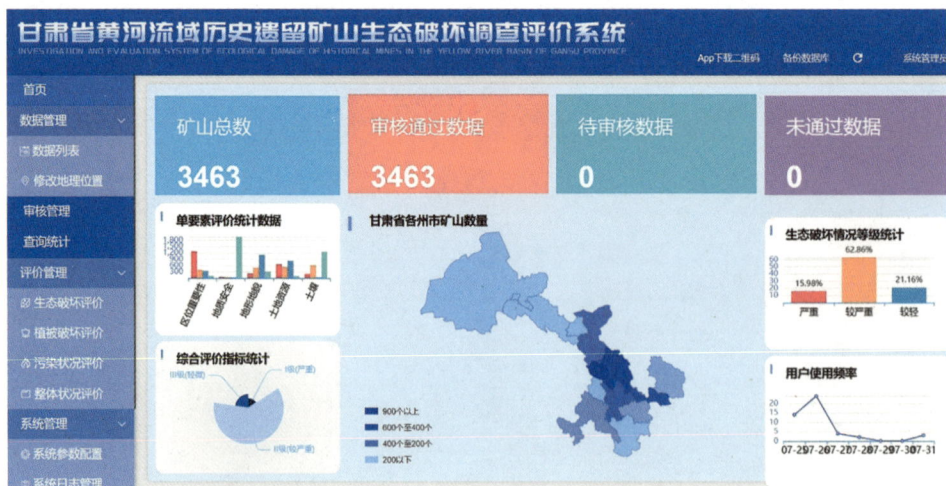

（a）

（b）

图 10-1　甘肃省黄河流域历史遗留矿山生态破坏调查评价系统界面

（a）

(b)

图10-2 黄河流域历史遗留矿山生态破坏调查信息采集系统手机APP数据采集端

10.2 数据库建设方法及流程

为了提高甘肃省对矿山生态环境数据的管理水平，更好地服务于国土空间生态修复，甘肃省自然资源厅依托"甘肃省黄河流域历史遗留矿山生态破坏调查评价"项目，应用ArcGIS系统软件，按照规定的数据库属性结构，建立了"甘肃省黄河流域历史遗留矿山生态破坏调查评价数据库"，以实现对甘肃省矿山生态环境信息的高效管理，并指导地方政府进行矿山生态修复。

10.2.1　数据库建设方法

（1）数据库建设准备

1）系统软件

Windows 10。

2）数据处理软件

甘肃省黄河流域历史遗留矿山生态破坏调查评价系统、ArcGIS 10.8。

（2）数据收集

1）矢量数据

以2022年全国历史遗留矿山核查最终确认的历史遗留矿山（图斑）与2022年度国土变更调查成果为本底，外业调查人员调查时根据历史遗留矿山现状修改绘制的矿山（图斑）范围。

2）属性数据

通过"甘肃省黄河流域历史遗留矿山生态破坏调查评价系统"导出质检人员审核通过的历史遗留矿山调查数据。

3）工作矿山（图斑）资料

收集甘肃省第三次全国国土调查、2022年度国土变更调查、2022年全国历史遗留矿山核查、"三区三线"划定成果等数据资料，重点整理甘肃省黄河流域历史遗留矿山所在区域内（以县域为单元）的永久基本农田、生态保护红线、自然保护地、水源地保护区、矿山核查图斑数据等资料。

4）区域资料

收集整理甘肃省黄河流域历史遗留矿山所在区域内的高精度遥感影像图、气象水文资料（重点年平均降水量、极端降水量、年积温、气候类型等）和地质资料（地下水类型、地质灾害类型、地形地貌、土地利用类型、土壤类型等资料）。

5）矿山资料

收集整理涉及调查评价的历史遗留矿山勘查和开发利用历史上形成的地质勘查报告、开发利用方案、环境影响评价报告、地质环境保护与恢复治理方案、土地复垦方案、水土保持方案等资料。

6）矿山调查资料

通过对收集的资料进行分析及实地调查，填写矿山基本情况表及矿山生态破坏基本状况调查表。

7）综合评价结果资料

按照实用性原则、可操作性原则、统一性原则，从历史遗留矿山（图斑）所处区位条件、地质安全隐患、地形地貌破坏、土地资源损毁、土壤破坏等方面，按损毁或破坏程度进行单要素分级，在此基础上进行单矿山（图斑）生态破坏基本状况评价。矿山生态破坏基本状况的参考指标主要包括区位重要性、地质安全隐患、地形地貌破坏、土地资源损毁、土壤破坏等。采用定性、定量相结合的方法，分析历史遗留矿山生态破坏基本状况的分布、规模、特征、严重程度和危害等，再采用层次分析法、专家打分法进行评价。

依据单矿山（图斑）评价结果，综合自然地理条件、生态功能区划等，以县级行政区为单元评价历史遗留矿山生态破坏基本状况，形成评价成果，评价结果包括甘肃省历史遗留矿山生态破坏基本状况单矿山（图斑）评价、甘肃省历史遗留矿山生态破坏基本状况综合评价。

10.2.2　数据库建设流程

甘肃省黄河流域历史遗留矿山生态破坏调查评价数据库分为图形数据库和属性数据库，图形数据库建设中使用ArcInfo作为图形数据处理操作平台，利用空间数据库引擎ArcSDE管理空间数据库；属性数据库建设中使用"甘肃省黄河流域历史遗留矿山生态破坏调查评价系统"中导出的数据，最后使用ArcToolbox工具建立图形数据与属性数据的连接。数据库建设流程如图10-3所示。

甘肃省黄河流域历史遗留矿山生态破坏调查评价数据库的数学基础采用2000国家大地坐标系。数据内容分为历史遗留矿山基本信息、生态破坏基本状况、单矿山评价结果3个部分。在ArcCatalog软件中新建一个名为"甘肃省历史遗留矿山生态破坏调查评价数据库.gdb"的地理数据库文件，在新建的"甘肃省历史遗留矿山生态破坏调查评价数据库.gdb"中导入已整理好的历史遗留矿山基本信息、生态破坏基本状况、单矿山评价结果3个面类型的矢量数据后，为其添加字段及属性，拓扑检查正确后建立甘肃省历史遗留矿山生态破坏调查评价数据库。拓扑检查流程如图10-4所示。

```
                        数据收集和整理
            图形数据  ┌──────┴──────┐  属性数据
                     ↓             ↓
              信息提取            概念模型设计
                 ↓                   ↓
            配准和矢量化           逻辑模型设计
                 ↓                   ↓
              空间分析            物理模型设计
                 ↓                   ↓
               编辑              数据录入
                 ↓                   ↓
            图形数据库            属性数据库
                 └────────┬────────┘
                        连接
                          ↓
              甘肃省黄河流域历史遗留矿山
              生态破坏调查评价数据库
```

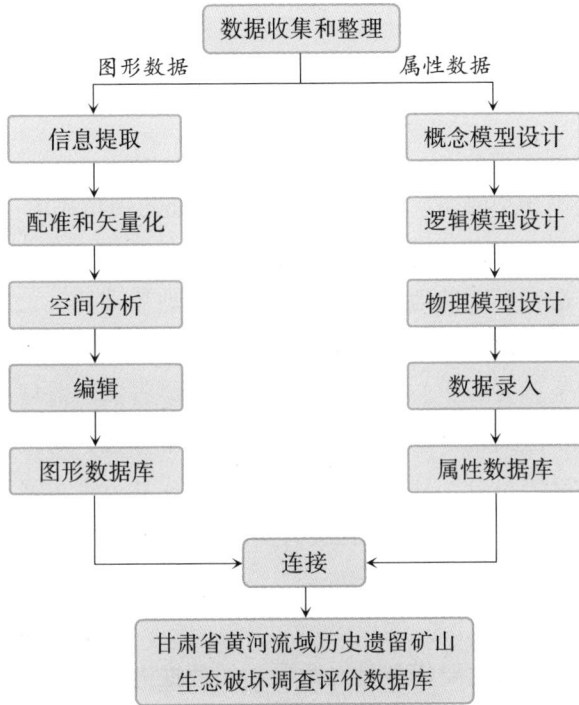

图 10-3 数据库建设流程图

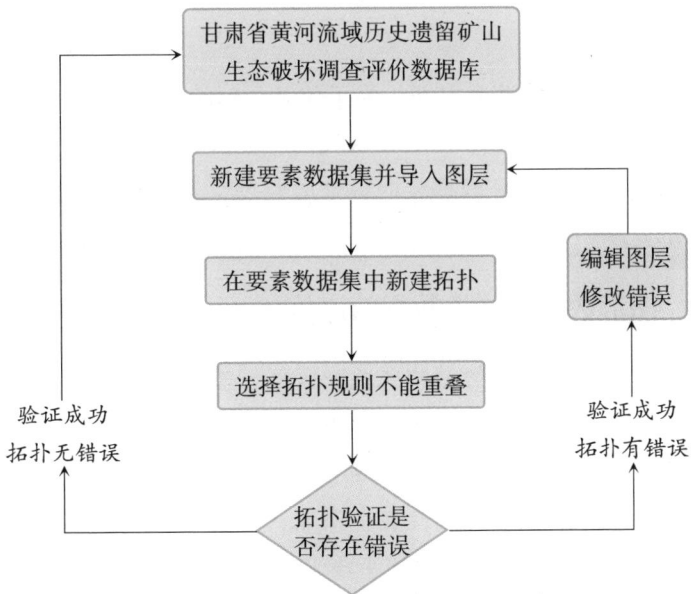

```
              甘肃省黄河流域历史遗留矿山
              生态破坏调查评价数据库
                          ↓
              新建要素数据集并导入图层  ←─────┐
                          ↓                 │
                                      编辑图层
              在要素数据集中新建拓扑      修改错误
                          ↓                 ↑
              选择拓扑规则不能重叠           │
                          ↓                 │
   验证成功                              验证成功
   拓扑无错误       拓扑验证是           拓扑有错误
        ←────────  否存在错误  ─────────→
```

图 10-4 拓扑检查流程图

10.3　数据库结构

以2022年全国历史遗留矿山核查最终确认的历史遗留矿山（图斑）为本底，结合2022年度国土变更调查成果等，组织开展历史遗留矿山生态破坏基本状况调查，查明历史遗留矿山的地质安全隐患、地形地貌破坏、土地资源损毁、土壤破坏的基本情况等。收集整理区域地质、地貌、气候、降水等基础资料，根据地质调查、国土调查、生态功能区划，结合甘肃省黄河流域历史遗留矿山生态破坏调查成果，按照统一的评价指标体系和评价方法，对区域历史遗留矿山生态破坏基本状况进行分类评价和综合评价，形成甘肃省黄河流域历史遗留矿山生态破坏调查评价数据库，该数据库的结构分为图形数据与属性数据。

10.3.1　图形数据

图形数据库建设的主要任务是对收集到的数据进行空间数据分析，将得到的数据进行修改处理，通过现场调查与遥感影像相结合，绘制出历史遗留矿山的几何范围。

10.3.2　属性数据

属性数据是系统的主要数据源，为了使采集到的数据具有良好的数据结构、减少数据冗余并加快操作速度，对采集到的相关数据进行规范化处理，将从系统中导出的数据组织成系统数据库的各个属性表。表是处理数据、创建关系数据库的基本单元。

10.3.3　图形数据与属性数据的连接

数据库的建设是对图形数据和属性数据经过输入和编辑之后，再建立连接才完成的。属性数据是以文本的形式来表示研究对象的属性特征，图形数据表示了研究对象的几何特征，属性数据和图形数据是通过关键字联系在一起的。因此，我们采取在相关数据的属性表中添加一个关键字字段的方法，该字段内容为连接数据的标识符，通过识别该字段来完成数据连接。将txt.格式的属性数据与数字化处理过的ArcGIS图形数据以图斑编号为关键字字段进行挂接，使图形数据和属性数据联系在一起，建立起图形和属性的一一对应关系，即在历史遗留矿山基本信息属性表与历史遗留矿山图形之间、历史遗留矿山生态破坏基本状况属性表与历史遗留矿山生态破坏图形之间、历史遗留矿山单矿山评价结果属性表与历史遗留矿山单矿山评价图形之间建立连接。

10.4　数据库属性

　　甘肃省黄河流域历史遗留矿山生态破坏调查评价数据库由历史遗留矿山基本信息、生态破坏基本状况、单矿山评价结果三部分数据组成。数据库中数据表的字段类型包括：FLOAT 浮点数、DECIMAL 小数（总位数、精确位数）、IN-TEGER 整数、TINYINT 单字节整数和 VARCHAR 字符串。

10.4.1　历史遗留矿山基本信息属性结构

　　历史遗留矿山基本信息数据库由 3 463 个历史遗留矿山（图斑）数据组成，主要包括调查图斑的行政区划信息、中心点坐标、所处区位条件、县域自然地理情况、地形地貌、土地权属、生态保护红线、自然保护地、采矿信息、矿山恢复治理情况等 29 个属性字段。具体属性结构见表 10-1。

表 10-1　基本信息属性表

字段名称	代码	字段类型	字段描述
图斑编号	MINE_NUMBER	VARCHAR(32)	矿山名称、图斑编号
省	PROVINCE	INTEGER	所属省
市	CITY	INTEGER	所属市
县	COUNTY	INTEGER	所属县
村	VILLAGE	INTEGER	所属村
经度	LONGITUDE	VARCHAR(32)	坐标:经度
纬度	LATITUDE	VARCHAR(32)	坐标:纬度
矿山面积	MINE_AREA	FLOAT	矿山面积(hm^2)
矿类	MINERALS_TYPE_ID	INTEGER	矿类编码

续表 10-1

字段名称	代码	字段类型	字段描述
矿种	MINERALS_VARIETY_ID	INTEGER	矿种编码
废弃原因	PRODUCTION_STATUS	VARCHAR(15)	责任人灭失,政策性关闭
开采方式	MINE_METHOD	TINYINT	0井工,1露天,2联合,3其他
废弃矿井(硐)	MINE_JK	INTEGER	废弃井口数量(个)
废矿硐已封堵	MINE_JKFD	INTEGER	封堵井口的数量(个)
废矿硐未封堵	MINE_JKNFD	INTEGER	未封堵井口的数量(个)
安全隐患	MINE_JKAQ	VARCHAR(2)	是或否
土地权属	TD_SYQ	VARCHAR(20)	国有土地使用权、集体土地所有权、集体土地使用权
地形地貌	ZY_DM	VARCHAR(20)	山脚、斜坡、河谷等
生态保护红线	ST_STBHHX	TINYINT	0在生态保护红线内,1不在生态保护红线内,按0、1选择
自然保护地	ST_ZYBHPH	TINYINT	0在国家公园内,1在自然保护区核心保护区内,2在自然保护区一般控制区内,3在自然公园内,4不在自然保护地范围内,按0、1、2、3、4选择
水源地保护区	DXS_SYDJB	TINYINT	0不在水源地保护区内,1在一级水源地保护区内,2在二级水源地保护区内,按0、1、2选择
永久基本农田	ST_YJNT	TINYINT	0在永久农田范围内,1不在永久农田范围内,按0、1选择
破坏距城镇村周边距离	ST_CSZB	DECIMAL(10,6)	与城镇村的距离远近
破坏距交通干道距离	ST_JTGD	DECIMAL(10,6)	与交通干线的距离远近
平均降水量	ZY_PJJY	INTEGER	区域年平均降水量
极端降水量	ZY_JDJY	INTEGER	近5年极端降水量

字段名称	代码	字段类型	字段描述
年积温	ZY_WD	INTEGER	年温度总额
气候类型	ZY_QHLX	VARCHAR(15)	区域的气候类型
地下水类型	DXS_DXSLX	VARCHAR(31)	上层滞水；潜水；承压水；孔隙水；裂隙水；岩溶水

10.4.2　历史遗留矿山生态破坏基本状况属性结构

历史遗留矿山生态破坏基本状况数据库由 1 994 个历史遗留矿山（图斑）数据组成，主要包括地质灾害类型，位置坐标，矿山崩塌、滑坡、塌陷、裂缝的类型、规模、形态、面积、排列形式、延伸方向、危害对象等属性内容，还包括耕地、林地、草地、园地、建筑的破坏面积、土壤信息、可恢复性等 65 个属性字段。具体属性结构见表 10-2。

表 10-2　生态破坏基本状况属性表

字段项	代码	字段类型	字段描述
图斑编号	MINE_NUMBER	VARCHAR(32)	矿山名称、图斑编号
地质灾害类型	DZZHLX	VARCHAR(32)	崩塌及其隐患、滑坡及其隐患、地面塌陷
矿山崩塌隐患 ID	DZID	INTEGER	地质灾害编号
经度	LONGTITUD	VARCHAR(32)	地质灾害发生位置坐标
纬度	LATITUDEL	VARCHAR(32)	地质灾害发生位置坐标
斜坡类型	DZ_BTXPLX	TINYINT	自然土质、自然岩质、人工岩质、人工土质（单选）
规模等级	DZ_BTGM	TINYINT	巨型、大型、中型、小型（单选）
危害对象	DZ_BTWHDX	VARCHAR(63)	据实勾选
矿山滑坡隐患 ID	DZ_HPID	INTEGER	滑坡编号
滑坡经度	DZ_HPWZJD	VARCHAR(31)	滑坡位置经度
滑坡纬度	DZ_HPWZWD	VARCHAR(31)	滑坡位置纬度

续表10-2

字段项	代码	字段类型	字段描述
滑坡类型	DZ_HPLX	TINYINT	推移式滑坡、牵引式滑坡(单选)
滑体性质	DZ_HPTXZ	TINYINT	岩质、碎块石、土质
规模等级	DZ_HPDJ	TINYINT	巨型、特大型、大型、中型、小型(单选)
平面形态	DZ_HPPMXT	TINYINT	滑坡体平面形态
危害对象	DZ_HPWHDX	VARCHAR(63)	据实勾选
塌陷、裂缝ID	DZ_TXID	INTEGER	塌陷、裂缝编号
边界坐标	DZ_TXBJZB	VARCHAR(254)	坐标串
塌陷坑数	DZ_TXKSL	INTEGER	塌陷坑个数
塌陷分布面积	DZ_TXKFBM	DECIMAL(10,6)	塌陷分布面积
塌陷排列形式	DZ_TXKPL	TINYINT	塌陷坑分布方式,集群式、长列式
塌陷坑长轴	DZ_TXKCJ	DECIMAL(10,6)	塌陷坑长度
塌陷坑短轴	DZ_TXKDJ	DECIMAL(10,6)	塌陷坑宽度
塌陷坑深度	DZ_TXKSD	DECIMAL(10,6)	塌陷坑深度
塌陷坑面积	DZ_TXKMZ	DECIMAL(10,6)	塌陷坑面积
塌陷坑形状	DZ_TXKXZ	TINYINT	圆形、椭圆形、方形、其他
地裂缝数	DZ_DLSH	INTEGER	地裂缝数量
地裂缝分布面积	DZ_DLFB	DECIMAL(10,6)	地裂缝分布面积
地裂缝排列形式	DZ_DLPL	TINYINT	地裂缝排列形式,集群式、长列式
地裂缝形态	DZ_DLDXT	TINYINT	地裂缝形态,直线、折线、弧线
延伸方向	DZ_DLDFX	VARCHAR(20)	地裂缝走向
地裂缝长度	DZ_DLDCD	DECIMAL(10,2)	地裂缝长度
地裂缝宽度	DZ_DLDKD	DECIMAL(10,2)	地裂缝宽度
山体破坏面积	ST_STPHM	VARCHAR(31)	山体破坏面积
山体破坏高度	ST_STPHMG	DECIMAL(10,2)	山体破坏高度

续表 10-2

字段项	代码	字段类型	字段描述
堆积面积	ST_DJM	DECIMAL(10,2)	堆积面积
露天采坑面积	ST_LTCKM	DECIMAL(10,2)	露天采坑面积
山体破坏高度	ST_STPHG	DECIMAL(10,2)	山体破坏高度
堆积体高度	ST_DJTG	DECIMAL(10,2)	堆积体高度
采坑深度	ST_CKSD	DECIMAL(10,2)	采坑深度
地形地貌可恢复性	ST_DXKHFX	TINYINT	地形地貌可恢复性
挖损边坡	ST_WSBPM	DECIMAL(10,2)	挖损边坡面积
工业广场	ST_GYGCM	DECIMAL(10,2)	工业广场面积
废石(土、渣)堆场	ST_FSDCM	DECIMAL(10,2)	废石(土、渣)堆场面积
地面塌陷	ST_DMTXM	DECIMAL(10,2)	地面塌陷面积
地裂缝	ST_DLFM	DECIMAL(10,2)	地裂缝面积
崩塌	ST_BTM	DECIMAL(10,2)	崩塌面积
滑坡	ST_HPM	DECIMAL(10,2)	滑坡面积
其他地类破坏面积	ST_QTDLPHM	DECIMAL(10,2)	其他地类破坏面积
耕地破坏面积	ST_GDPHM	DECIMAL(10,2)	耕地破坏面积
林地破坏面积	ST_LDPHM	DECIMAL(10,2)	林地破坏面积
草地破坏面积	ST_CDPHM	DECIMAL(10,2)	草地破坏面积
园地破坏面积	ST_YDPHM	DECIMAL(10,2)	园地破坏面积
建筑破坏面积	ST_JZPHM	DECIMAL(10,2)	建筑破坏面积
其他破坏面积	ST_QTPHM	DECIMAL(10,2)	其他破坏面积
土地破坏可恢复性	ST_KHFX	TINYINT	破坏区恢复原地类的难易程度，1 为一般，2 为较难，3 为不能恢复
壤质面积	ST_YZMJ	DECIMAL(10,2)	地表为壤质的面积
壤质厚度	ST_YZHD	DECIMAL(10,2)	壤质厚度
黏质面积	ST_NZMJ	DECIMAL(10,2)	地表为黏质土的面积

续表10-2

字段项	代码	字段类型	字段描述
黏质厚度	ST_NZHD	DECIMAL(10,2)	黏质厚度
砂质面积	ST_SZMJ	DECIMAL(10,2)	地表为砂质土的面积
砂质厚度	ST_SZHD	DECIMAL(10,2)	砂质厚度
砾质面积	ST_LZMJ	DECIMAL(10,2)	地表为砾质的面积
砾质厚度	ST_LZHD	DECIMAL(10,2)	砾质厚度
砾质厚度	ST_LZHD	FLOAT(10,4)	砾质厚度

10.4.3　历史遗留矿山单矿山评价结果属性结构

历史遗留矿山单矿山评价结果数据库由1 994个历史遗留矿山（图斑）数据组成，主要包括区位重要性等级、地质安全等级、地形地貌等级、土地资源等级、土壤等级的评价结果等7个属性字段。具体属性结构见表10-3。

表10-3　单矿山评价结果属性表

字段项	字段域	字段类型	字段描述
矿山名称/图斑编号	MINE_NUMBER	VARCHAR(15)	矿山名称、图斑编号
区位重要性等级	PJ_QWTJ	VARCHAR(10)	区位条件，按严重、较严重、较轻、轻微
地质安全等级	PJ_DJDZ	VARCHAR(10)	地质安全影响程度，按严重、较严重、较轻、轻微
地形地貌等级	PJ_DJDX	VARCHAR(10)	地形破坏程度，按严重、较严重、较轻、轻微
土地资源等级	PJ_DJTD	VARCHAR(10)	土地资源损毁程度，按严重、较严重、较轻、轻微
土壤等级	PJ_DJZB	VARCHAR(10)	土壤破坏程度，按严重、较严重、较轻、轻微
矿山（图斑）生态破坏基本状况评价结果	PJ_STZHPJ	VARCHAR(10)	矿山（图斑）生态破坏综合评价结果，按严重、较严重、轻微

10.5　数据库质量控制

　　图形数据的精度、属性数据的完善度和拓扑规则的一致性是影响甘肃省黄河流域历史遗留矿山生态破坏调查评价数据库建设质量的关键性问题。确保图斑在源数据中所处的地理位置及其对应的图斑编号完全正确后，方可进行后续工作。

　　①甘肃省黄河流域历史遗留矿山生态破坏调查评价数据库中历史遗留矿山基本信息、生态破坏基本状况、单矿山评价结果的要素类型均为面要素，其属性内容均要与"甘肃省黄河流域历史遗留矿山生态破坏调查评价系统"通过审核后导出的矿山（图斑）信息完全一致。

　　②所有的数据都要严格执行拓扑规则检查，确保单要素数据不重叠、不丢失。

　　③所有数据的属性结构、字段类型、字段长度及填报内容均要准确、规范、完整。

第11章　成果图件编制

11.1　图件的基本要求

在资料收集、实地调查和综合研究的基础上，以科学化、规范化为前提，采用图形、线段、字母、数字和色调等，编制数字化矿山生态破坏相关成果图件。编制图件有助于查明生态破坏状况在区域空间上的分布规律、结果、变化趋势和生态环境问题产生的原因。图件编制的总体要求有：

①图件包括实际材料图、矿山生态破坏基本状况问题图、矿山生态破坏基本状况单矿山评价图、矿山生态破坏基本状况综合评价图、矿山生态破坏调查评价遥感解译图。

②图件按省域沿黄县域范围进行编制，比例尺不宜小于1∶250 000。当区域范围较大时，比例尺可适当缩小。

③统一采用ArcGIS制图软件进行图件编制，图形数据文件命名清晰，每个工程文件都需附一个Word文档，在Word文档中说明图件的投影参数以及各点、线、面层的含义等。

④坐标系：CGCS2000，经纬度坐标。

⑤工作底图采用最新的地理底图，如果收集到的地理底图较陈旧、地形地物变化较大，则应进行修编。

⑥图件应符合有关要求，表示方法合理，层次清楚，清晰直观，图式、图例、注记齐全，读图方便。

11.2　主要图件及其类型

主要图件包括实际材料图、遥感解译图、基本状况问题图、单矿山评价图及综合评价图，按图件性质可分为实测型图组（实际材料图、遥感解译图）、评价型图组（矿山生态问题图、单矿山评价图、综合评价图），按调查评价范围可分为省级图件与市、县（区）级图件。

11.3　图件编制

11.3.1　图件编制规则

①图件按省域沿黄县域范围进行编制，比例尺根据省、县域范围大小不同而不同，比例尺不宜小于1∶250 000。

②统一采用 ArcGIS 制图软件进行图件编制，图形数据文件命名清晰，每个工程文件都需附一个 Word 文档，在 Word 文档中说明图件的投影参数以及各点、线、面层的含义等。

③坐标系：CGCS2000，经纬度坐标。

④工作底图采用最新的地理底图进行修编。

⑤图件表示方法合理，层次清楚，清晰直观，图式、图例、注记齐全，读图方便。

11.3.2　图件编制标准

（1）基础地理

①GB/T 20257.3—2006《国家基本比例尺地图图式第3部分：1∶25 000 1∶50 000　1∶100 000地形图图式》。

②GB/T 20257.4—2007《国家基本比例尺地图图式第4部分：1∶250 000 1∶500 000　1∶1 000 000地形图图式》。

（2）基础地质

①GB 958—89《区域地质图图例（1∶50 000）》。

②GB 958—99《区域地质图图例（1∶50 000）》。

（3）矿产资源规划专题

①《矿产资源规划数据库标准》（2015年修订）。

②《矿产资源规划数据图示图例》（2015年修订）。

11.3.3　图件编制程序

矿山生态破坏系列图件是一种专题图件，在成图方面虽与一般普通地图有所不同，但基本上也要经过以下3个阶段：

（1）准备阶段

包括：讨论和研究拟编制图件的选题和内容、成图比例尺、对基础底图的要求、成图形式及有关规定；拟定出编图提纲，编制基础底图；依据有关数据、资料，选用或研究出相应评价模型对研究区做出科学合理的质量评价和分区。对于系列图件来说，要安排好各幅图的内容，并协调好它们之间的关系，有时并不是一下就能确立的，而是要经过资料整理，不断做局部的修改与补充。

（2）编绘阶段

利用整理的调查数据资料及评价结果，进行草编、试验，绘出样图或草图。

（3）成图阶段

根据草图成图效果，调整图面整体布局，优化各图层间的关系，避免压盖、遮挡，使图面表达清晰明了，确定最终成图模式后进行批量绘制。

11.3.4　图件内容

（1）矿山生态破坏调查遥感解译图

该图是在调查前期完成的，在调查前期使用0.8 m高清遥感影像识别拟调查矿山（图斑）可能存在的生态破坏类型及规模，指导野外调查工作，提高调查效率。需要表达的基本内容如下：

1）第一层次

高清遥感影像底图层，收集最新的高清遥感影像图作为底图，其精度视调查要求而定。

2）第二层次

可能存在的矿山生态破坏类型及规模层，运用统一的符号（颜色）表述特定的矿山生态破坏类型，用大小表述其规模，解译矿山（图斑）范围内的地质灾害、山体破坏、露天采坑、地表堆积等要素。

（2）矿山生态破坏调查实际材料图

该图是反映矿山生态破坏野外调查工作程度的基础性图件。需要表达的基本内容如下：

1）第一层次

地理要素层，主要表示地表水系、水库、湖泊的分布，重要城镇、村庄工矿企业，干线公路、铁路、重要管线，人文景观、地质遗迹、供水水源地、岩溶泉域等各类保护区。

2）第二层次

调查工作程度层，反映重点或详细调查区、段和点构成的工作程度。

3）第三层次

野外调查完成的实际工作量层，主要表示调查的矿山、日期、调查手段和范围、调查路线、取样点位置等内容。根据实地调查矿山的地理坐标，在地理底图上绘制出矿山点、矿山种类及规模，用矿山符号表中的矿产图例表示，矿产图例符号和矿产名称代号参照 GB 958—89。当矿山点较密集而出现重叠时，对重叠矿山合并表示，标注矿山（图斑）数量。在图上标注资料搜集调查点、补充调查点、取样点及其他代表性的点，用闭合曲线标注出遥感调查解译范围。同时，为了更好地衬托和进一步说明图件、增加图件的信息量，可视图面需要嵌图、嵌表。

（3）矿山生态破坏基本状况问题图

该图重点反映调查区矿山生态环境问题现状，是矿山生态环境调查的主要成果图件。需要表达的基本内容如下：

1）第一层次

地理要素层，主要表示地表水系、水库、湖泊的分布，重要城镇、村庄工矿企业，干线公路、铁路、重要管线，人文景观、地质遗迹、供水水源地、岩溶泉域等各类保护区。

2）第二层次

矿山生态环境问题层，用不填充颜色的多边形标出矿区范围，用太阳花符号标出每个矿山点存在的地质安全隐患、地形地貌破坏、土地资源损毁、植被破坏、土壤破坏等的分布、规模。对于不能用封闭曲线表示矿山生态环境问题的，以符号表示。图面采用镶嵌表详细说明矿山生态问题的类型、分布、规模、影响程度等。

（4）矿山生态破坏评价图

1）单矿山生态破坏基本状况评价图

该图主要反映矿山生态破坏基本状况评价结果。内容包括：

①第一层次：地理要素层，主要表示地表水系、水库、湖泊的分布，重要城镇、村庄工矿企业，干线公路、铁路、重要管线，人文景观、地质遗迹、供水水源地、岩溶泉域等各类保护区。

②第二层次：评价结果层，根据评价结果，用红、黄、绿3种不同颜色按严重、较严重、轻微表示出矿山生态问题的评价结果。采用镶嵌表说明矿山生态问题的评价结果。

2）省域（区域）、县域（区域）矿山生态破坏基本状况综合评价图

该图主要反映省域、县域和流域单元矿山生态破坏基本状况综合评价结果。内容包括：

①第一层次：地理要素层，主要表示地表水系、水库、湖泊的分布，重要城镇、村庄、工矿企业，干线公路、铁路、重要管线，人文景观、地质遗迹、供水水源地、岩溶泉域等各类保护区。

②第二层次：评价结果层，根据评价结果，用普染色按严重、较严重、轻微表示出省域、县域和流域单元矿山生态问题的综合评价结果。采用镶嵌表说明矿山生态问题综合评价结果。

参考文献

［1］王世虎.生态文明建设背景下历史遗留矿山环境问题与对策［J］.矿业安全与环保，2018，45（6）：88-91，96.

［2］ZADEH L A . Fuzzy sets［J］. Information & Control,1965,8(3):338-353.

［3］MCHARG I L , New York USA American Museum of Natural History. Design with nature［J］. Natural history,1969.

［4］丁恩俊，周维禄，谢德体.国外土地整理实践对我国土地整理的启示［J］.教师教育学报，2006，4（2）：11-15.

［5］LEGG C A . Applications of remote sensing to environmental aspects of surface mining operations in the United Kingdom［J］. Springer netherlands, 1990: 159-164.

［6］VENKATARAMAN G , KUMAR S P , RATHA D S , et al. Open cast mine monitoring and environmental impact studies through remote sensing - A case study from Goa,India［J］. Geocarto international,1997,12(2):39-53.

［7］FISCHER C , BUSCH W . Monitoring of environmental changes caused by hard-coal mining［J］. Proceedings of SPIE - The international society for optical engineering,2002,4545:64-72.

［8］ALEOTTI P, CHOWDHURY R. Landslide hazard assessment: summary review and new perspectives［J］. Bulletin of engineering geology and the environment, 1999,58(1):21-44.

［9］蒋复量，周科平，李书娜，等.基于粗糙集-神经网络的矿山地质环境影响评价模型及应用［J］.中国安全科学学报，2009，19（8）：126-132.

［10］高永志，郑卫政，初禹.基于RS与GIS的黑龙江省矿山地质环境评价研究［J］.地质与资源，2016，25（2）：171-175.

［11］魏一鸣，童光煦，刘敏.人工神经网络在矿业中的应用进展［J］.中国锰业，1996（3）：4-8.

［12］赵文江，徐明德，张君杰，等.BP神经网络在矿山生态安全评价中的应用［J］.煤炭技术，2019，38（1）：172-175.

［13］刘洪，张宏斌.基于MatLab的神经网络在江苏矿山地质环境评估中的应用［J］.江苏地质，2007（4）：348-353.

［14］赵玉灵.基于层次分析法的矿山环境评价方法研究——以海南岛为例［J］.国土资源遥感，2020，32（1）：148-153.

［15］孔志召，董双发，姜雪，等.基于层次分析法的矿山环境评价——以阜新矿集区为例［J］.世界地质，2012，31（2）：420-425.

［16］曾晟，闵晨笛，孙春辉.基于层次分析和集对分析的铀矿山生态环境安全评价［J］.工业安全与环保，2017，43（2）：11-14，54.

［17］廖国礼，吴超.模糊数学方法在矿山环境综合评价中的应用［J］.环境科学动态，2004（3）：15-17.

［18］蒋复量，周科平，李长山，等.基于层次分析和灰色综合评判的石膏矿山地质环境影响评价［J］.中国安全科学学报，2009，19（3）：125-131.

［19］茹曼，刘冰，张斌，等.基于灰色和模糊综合评价法的矿山地质环境评价：以萍乡市湘东镇地区为例［J］.中国矿业，2022，31（5）：54-62.

［20］中国地质调查局.矿山地质环境调查评价规范［S］.DD 2014-05.

［21］河南省市场监督管理局.矿山地质环境调查评价技术要求［S］.DB41/T 2278-2022.

［22］山西省市场监督管理局.矿山地质环境调查规范［S］.DB14/T 1950—2019.

［23］李迁，肖春蕾，金剑，等.基于轻小型无人机的离子吸附型稀土矿山开发状况遥感调查方法［J］.稀土，2020，41（2）：15-23.

［24］毕征峰，王龙昌，刘明明.综合物探方法在矿山覆盖区地质调查中的应用［J］.世界有色金属，2023（11）：187-189.

［25］朱一姝，马灿璇，吴涵宇，等.一种新型矿山生态环境调查与监测方法［J］.信息技术与信息化，2022（11）：137-140.

［26］王莹，李道亮.煤矿废弃地植被恢复潜力评价模型［J］.中国农业大学学报，2005，10（2）：88-92.

［27］易海杰，张晓萍，何亮，等.黄土高原不同地貌类型区植被恢复潜力及其土地利用变化［J］.农业工程学报，2022，38（18）：255-263.

［28］靳峰，戈文艳，秦伟，等.甘肃省植被时空变化及其未来发展潜力［J］.中国水土保持科学，2023，21（1）：110-118.

［29］吴凤敏，郑稚棚，余静，等.基于Landsat8与高分数据的矿山植被动态监测研究［J］.地理空间信息，2022，20（8）：18-23.

［30］汪燕，贾利萍，刘乐，等.基于光谱特征的矿山污染水体遥感监测［J］.安徽地质，2019，29（3）：207-210.

［31］甘甫平，刘圣伟，周强.德兴铜矿矿山污染高光谱遥感直接识别研究［J］.地球科学：中国地质大学学报，2004，29（1）：8.

［32］陈桥，胡克，雒昆利，等.基于AHP法的矿山生态环境综合评价模式研究［J］.中国矿业大学学报，2006，35（3）：377-383.

［33］邹长新，沈渭寿，刘发民.矿山生态环境质量评价指标体系初探［J］.中国矿业，2011，20（8）：56-59，68.

［34］于扬，王登红，田兆雪，等.稀土矿区环境调查SMAIMA方法体系，评价模型及其应用——以赣南离子吸附型稀土矿山为例［J］.地球学报，2017，38（3）：335-344.

［35］薛庆，董双发，牛海威，等.基于AHP-EWM综合权重的矿山地质环境评价——以清镇铝土矿区为例［J］.矿产勘查，2023，14（4）：639-647.

［36］王玮，温志坚，夏子通，等.火山岩型铀矿山环境地质调查评价方法研究［J］.铀矿地质，2016，32（1）：60-64.

［37］张庆海.江西矿山地质环境调查评价技术方法［J］.世界有色金属，2019（20）：168，170.

［38］赵奎，杨涛波，张东炜，等.赣南钨矿山地压调查及评价方法［J］.有色金属科学与工程，2011，2（3）：47-50.

［39］陈振武，许福美.基于AHP与FUZZY的矿山生态环境综合评价研究［J］.科技通报，2017，33（12）：262-269.

［40］徐友宁.矿山环境地质与地质环境［J］.西北地质，2005（4）：108-112.

［41］武强.我国矿山环境地质问题类型划分研究［J］.水文地质工程地质，2003（5）：107-112.

[42] 姚敬劬.矿山环境问题分类 [J].国土资源科技管理，2003，20（3）：44-47.

[43] 徐友宁，何芳，袁汉春，等.中国西北地区矿山环境地质问题调查与评价 [M].地质出版社，2006.

[44] 徐友宁.矿山地质环境调查研究现状及展望 [J].地质通报，2008（8）：1235-1244.

[45] 杨金中，聂洪峰，荆青青.初论全国矿山地质环境现状与存在问题 [J].国土资源遥感，2017，29（2）：1-7.

[46] 李军，周斌.甘肃省矿山主要环境地质问题及防治对策探讨 [J].地下水，2013，35（5）：4.

[47] 李浩.山东半岛矿山地质环境发展趋势分析及治理对策 [J].世界有色金属，2022（5）：217-219.

[48] 牛磊，赵志芳，曾诗卉.生态文明建设背景下的矿山环境恢复治理研究综述 [J].科技资讯，2018，16（25）：5.

[49] 褚加计，朱洪生，陈广东，等.河南省矿山地质环境问题发展趋势分析 [J].农村经济与科技，2016（16）：2.

[50] 邵林，丁访强.贵州省矿山环境地质问题及发展趋势分析 [J].地质灾害与环境保护，2011，22（2）：5.

[51] 江峰.福建省矿山地质环境现状及发展趋势分析 [J].中国地质灾害与防治学报，2010，21（2）：6.

[52] 陈全.石拉沟石英石矿矿山环境现状及发展趋势 [J].甘肃科技纵横，2010，39（3）：81-83.

[53] 滕柯延.承德市矿山地质环境分析与预测 [D].北京：中国地质大学，2010.

[54] 黄江华，王晓明.安徽省矿山地质环境现状与发展趋势分析 [J].安徽地质，2004（4）：285-290.

[55] 张进德.我国矿山地质环境调查研究 [M].北京：地质出版社，2009.

[56] 梁廷栋.对甘肃矿山生态保护修复资金管理的思考及建议 [J].甘肃地质，2021，30（4）：94-97.

[57] 胡振琪，赵艳玲.矿山生态修复面临的主要问题及解决策略 [J].中国煤炭，2021，47（9）：2-7.

[58] 毛龙，陶卓琳，吴翠霞，等.关于甘肃省国土空间生态修复的几点思考 [J].甘肃科技，2021，37（17）：8-9.

[59] 李向阳，寿立永，张晨招，等.渭河平原露天矿山生态修复面临问题与思考 [J].中国国土资源经济，2021，34（10）：55-59，82.

[60] 张进德，郗富瑞.我国废弃矿山生态修复研究 [J].生态学报，2020，40（21）：7921-7930.

[61] 孙晓玲，韦宝玺.废弃矿山生态修复模式探讨 [J].环境生态学，2020，2（10）：55-58，63.

[62] 吴景虎，曹莉莉，胡万长.矿山地质环境恢复治理经验浅谈——以祁连山自然保护区甘肃某县矿区为例 [J].世界有色金属，2020（10）：285-286.

[63] 李聪伟.矿山地质环境恢复治理技术方法研究 [J].世界有色金属，2020（2）：161-162.

[64] 张春燕.北京市典型废弃矿山生态修复模式研究 [D].北京：北京林业大学，2019.

[65] 关军洪，郝培尧，董丽，等.矿山废弃地生态修复研究进展 [J].生态科学，2017，36（2）：193-200.

[66] 陈奇.矿山环境治理技术与治理模式研究 [D].北京：中国矿业大学，2009.

[67] 孙一琳，田涛，赵廷宁.矿山废弃地植被恢复技术模式初步研究——以北京周边矿山为例 [J].中国会议，2008，4：153-158.

[68] 李凤，陈法扬.生态修复与可持续发展 [J].水土保持学报，2004，12（6）：187-190.

[69] 赵方莹，赵廷宁，丁国栋，等.生态植被毯：CN200420116280.4 [P].2024-02-28.

[70] 赵方莹，孙保平，张洪江，等.矿山生态植被恢复技术 [M].北京：中国林业出版社，2009.

[71] 沈烈风.破损山体生态修复工程 [M].北京：中国林业出版社，2012.

[72] 白中科.大型露天煤矿废弃地生态环境重建的研究 [J].生态经济，1996，4（2）：33-36.

[73] 李海英，顾尚义，吴志强.矿山废弃土地复垦技术研究进展 [J].矿业工程，2007，4（2）：43-45.

［74］魏远，顾红波，薛亮，等.矿山废弃地土地复垦与生态恢复研究进展［J］.中国水土保持科学，2012，10（2）：107-114.

［75］SHEORAN V，SHEORAN A S，POONIA P. Phytomining：A review［J］. Minerals engineering，2009，22（12）：1007-1019.

［76］莫测辉，蔡全英，王江海，等.城市污泥在矿山废弃地复垦的应用探讨［J］.生态学杂志，2001，20（2）：44-48.

［77］束文圣，张志权，蓝崇钱.中国矿业废弃地的复垦对策研究［J］.生态科学，2002，19：24-30.

［78］倪含斌，张丽萍，吴希媛，等.矿区废弃地土壤重构与性能恢复研究进展［J］.土壤通报，2007，38（2）：399-403.

［79］郭在扬.龙岩地区矿区水土流失危害及防治对策［J］.福建水土保持，1996，8（1）：52-54.

［80］王志宏，李爱国.矿山废弃地生态恢复基质改良研究［J］.中国矿业，2005，14（3）：22-24.

［81］SHEORAN A S，SHEORAN V. Heavy metal removal mechanism of acid mine drainage in wetlands：A critical review［J］. Minerals engineering，2006，19（2）：105-116.

［82］高德武，蔡体久，王晓辉.露天金矿剥离物植被演替规律及植被恢复对策——以公别拉河流域为例［J］.水土保持研究，2005，12（6）：33-35.

［83］李明顺，唐绍清，张杏辉，等.金属矿山废弃地的生态恢复实践与对策［J］.矿业安全，2010，8（4）：16-18.

［84］张波，赵曜.矿山废弃地治理中植物修复作用的研究［J］.山西建筑，2011，37（2）：189-190.

［85］李若愚，侯明明，卿华，等.矿山废弃地生态恢复研究进展［J］.矿产保护与利用，2007，157（1）：50-54.

［86］王英辉，陈学军.金属矿山废弃地生态恢复技术［J］.金属矿山，2007（6）：4-12.

［87］BOYER S，WRATTEN S D. The potential of earthworms to restore ecosystem services after opencast mining—A review［J］. Basic and applied ecology，2010，11（3）：196-203.

［88］赵默涵.矿山废弃地土壤基质改良研究［J］.中国农学通报，2008，24

（12）：128-131.

[89] 杨晓艳，姬长生，王秀丽. 我国矿山废弃地的生态恢复与重建 [J]. 矿业快报，2008（10）：22-24，48.

[90] 于海兵，胡海波，裘涛，等. 废弃宕口6种水土保持植物抗旱性研究 [J]. 安徽农业科学，2011，39（16）：9761-9764.

[91] 陈振金，郑大增，陈铁. 煤矸石山无土植被恢复技术 [J]. 福建环境，2001，2（1）：11-13.

[92] 李晋川，王文英，卢崇恩. 安太堡露天煤矿新建土地植被恢复的探讨 [J]. 河南科学，1999，6（17）：92-95.

[93] 田胜尼，孙庆业，王挣峰，等. 铜陵铜尾矿废弃地定居植物及基质理化性质的变化 [J]. 长江流域资源与环境，2005，14（1）：88-93.

[94] 杨修，高林. 德兴铜矿山废弃地恢复与重建研究 [J]. 生态学报，2001，21（11）：1933-1940.

[95] 安俊珍. 风化型土质金矿尾矿植被恢复研究 [D]. 武汉：华中农业大学，2010.

[96] 赵方莹. 矿山废弃地拟自然植被恢复技术研究 [D]. 北京：北京林业大学，2011.

[97] RAO A V, TAK R. Growth of different tree species and their nutrient uptake in limestone mine spoil as influenced by arbuscular mycorrhizal（AM）—fungi in Indian arid zone[J]. Journal of arid environments, 2002, 51(1):113-119.

[98] 李一为. 京西矿业废弃地生境特征及植被演替规律 [D]. 北京：北京林业大学，2007.